ELOISA BIASOTTO MANO

Professora Titular de Química Orgânica
do Instituto de Macromoléculas
da Universidade Federal do Rio de Janeiro
Membro Titular da Academia Brasileira de Ciências

# POLÍMEROS COMO MATERIAIS DE ENGENHARIA

*Polímeros como materiais de engenharia*
© 1991 Eloisa Biasotto Mano
9ª reimpressão – 2020

Editora Edgard Blücher Ltda.

# Blucher

Rua Pedroso Alvarenga, 1245, 4º andar
04531-012 – São Paulo – SP – Brasil
Tel 55 11 3078-5366
**contato@blucher.com.br**
**www.blucher.com.br**

É proibida a reprodução total ou parcial por quaisquer
meios, sem autorização escrita da Editora.

Todos os direitos reservados pela Editora
Edgard Blücher Ltda.

FICHA CATALOGRÁFICA

Mano, Eloisa Biasotto
    Polímeros como materiais de engenharia /
Eloisa Biasotto Mano – São Paulo: Blucher, 1991.

    Bibliografia.
    ISBN 978-85-212-0060-4

    1. Materiais de engenharia 2. Polímeros
e polimerização I. Título.

07-0694                                                    CDD-547-7

Índices para catálogo sistemático:
1. Polímeros: Química orgânica   547.7

Professor Charles G. Overberger
Universidade de Michigan (E.U.A.)

Homenagem pela sua inestimável contribuição ao desenvolvimento da pesquisa em Polímeros no Brasil, consolidada no Instituto de Macromoléculas da Universidade Federal do Rio de Janeiro.

# PREFÁCIO

Em livro anterior, "Introdução a Polímeros", a Autora visava os interessados em Química, em âmbito universitário ou industrial.

Neste livro, houve a preocupação de complementar aquela obra com aspectos relativos aos materiais de engenharia, procurando limitar ao mínimo o enfoque químico e oferecer aos estudantes e profissionais em geral uma visão panorâmica sobre os principais polímeros. Tratando-se de trabalho de caráter introdutório, procurou-se cobrir uma vasta superfície, tendo consciência da impossibilidade de conciliar esta abordagem com o aprofundamento científico ou tecnológico de qualquer dos tópicos.

A Autora agradece a todos que, de alguma forma, contribuíram para que esta obra pudesse ser concretizada, com especial destaque ao discípulo, colaborador e amigo Marcos Lopes Dias, que tanto participou da preparação deste trabalho. A tabela de interconversão de unidades de medida foi elaborada com a valiosa cooperação do Professor Paulo Emídio Barbosa, que também procedeu a minuciosa leitura crítica de todo o texto, contribuindo com sugestões e comentários de grande importância. Na realização primorosa da parte gráfica, deve-se ressaltar a atuação eficiente e desinteressada de Léa Maria de Almeida Lopes, Rachel Biasotto Mano e Aguinaldo Pozes Monteiro.

Na viabilização da publicação do livro, a Autora expressa seus agradecimentos a EDN - Estireno do Nordeste S.A.

Uma homenagem especial é dedicada ao Professor Charles G. Overberger, da Universidade de Michigan, EUA, em reconhecimento pelo importante papel que desempenhou no desenvolvimento da pesquisa em Polímeros no Brasil, em sua fase inicial, a partir de 1969, como participante americano do amplo Convênio celebrado entre o CNPq e a National Academy of Science americana, destinado ao desenvolvimento da Química no país.

Espera-se que o esforço investido neste livro contribua para a maior divulgação dos conhecimentos sobre os materiais poliméricos e seu emprego potencial, ao lado dos materiais tradicionalmente utilizados em engenharia.

Rio de Janeiro, 31 de julho de 1990.

Eloisa Biasotto Mano

# SIGLAS, ABREVIAÇÕES, SÍMBOLOS

No campo de Polímeros, a nível internacional, é comum o uso de terminologia técnica abreviada sob a forma de siglas, todas derivadas das denominações em língua inglesa. Dessa maneira, simplifica-se o registro das informações e da comunicação oral, devido à complexidade de muitos dos termos que definem precisamente o polímero.

Com o objetivo de facilitar a compreensão do texto e dos Quadros, foi elaborada uma relação de todas as siglas utilizadas neste livro. As denominações em inglês, que tornam mais fácil a memorização das siglas, foram incluídas.

Constam ainda da relação todas as abreviações e também os símbolos empregados no texto.

| | |
|---|---|
| a | — are |
| Å | — Angstrom |
| ABNT | — Associação Brasileira de Normas Técnicas |
| ABS | — terpolímero de acrilonitrila-butadieno-estireno [*acrylonitrile-butadiene-styrene terpolymer*] |
| AFNOR | — Association Française de Normalisation |
| Al | — alumínio |
| AN | — acrilonitrila [*acrylonitrile*] |
| ASA | — copolímero de acrilonitrila-estireno-acrilato de alquila-butadieno [*acrylonitrile-styrene-alkyl acrylate-butadiene copolymer*] |
| ASTM | — American Standards for Testing and Materials |
| atm | — atmosfera |
| | |
| B | — boro |
| B | — mistura [*blend*] |
| BR | — elastômero de butadieno [*butadiene rubber*] |
| BS | — British Standards |

| | |
|---|---|
| BTU | — unidade térmica britânica |
| C | — carbono |
| C | — Coulomb |
| Ca | — cálcio |
| CAC | — acetato de celulose [*cellulose acetate*] |
| cal | — caloria |
| CIIR | — elastômero de isopreno-isobutileno clorado [*chlorinated isoprene-isobutylene rubber*] |
| cm | — centímetro |
| CM | — carboxi-metil-celulose [*carboxy methyl cellulose*] |
| CN | — nitrato de celulose [*cellulose nitrate*] |
| CONMETRO | — Conselho Nacional de Metrologia, Normalização e Qualidade Industrial |
| CPE | — polietileno clorado [*chlorinated polyethylene*] |
| CPVC | — poli(cloreto de vinila) clorado [*chlorinated poly(vinyl chloride*] |
| Cr | — cromo |
| CR | — elastômero de cloropreno [*chloroprene rubber*] |
| CSPE | — polietileno cloro-sulfonado [*chlorosulfonated polyethylene*] |
| cv | — cavalo-vapor |
| D | — Debye |
| dam | — decametro |
| DIN | — Deutsche Institut für Normung |
| dm | — decímetro |
| DNA | — ácido desoxi-ribonucleico [*desoxyribonucleic acid*] |
| ER | — resina epoxídica [*epoxy resin*] |
| EPDM | — elastômero de dieno-propileno-etileno [*ethylene-propylene-diene monomer rubber*] |
| EVA | — copolímero de etileno-acetato de vinila [*ethylene-vinyl acetate copolymer*] |
| $\phi_i$ | — fração volumétrica do componente $i$ |
| FRP | — poliéster reforçado com fibra de vidro [*fiberglass reinforced polyester*] |
| ft | — pé |
| g | — grama |
| g | — graft, enxerto |

| | |
|---|---|
| G | — graft, enxerto |
| $\Delta G_m$ | — energia livre de mistura |
| gal | — galão |
| gpm | — galão por minuto |
| GRP | — poliéster reforçado com fibra de vidro [*fiberglass reinforced polyester*] |
| | |
| h | — hora |
| $\Delta H_m$ | — entalpia de mistura |
| ha | — hectare |
| HDPE | — polietileno de alta densidade [*high density polyethylene*] |
| HDT | — temperatura de distorção ao calor [*heat distortion temperature*] |
| HEC | — hidroxi-etil-celulose [*hydroxy ethyl cellulose*] |
| Hg | — mercúrio |
| HIPS | — poliestireno de alto impacto [*high impact polystyrene*] |
| hm | — hectometro |
| HP | — cavalo de força |
| | |
| IIR | — elastômero de isopreno-isobutileno [*isobutylene-isoprene rubber*] |
| in | — polegada |
| INMETRO | — Instituto Nacional de Metrologia, Normalização e Qualidade Industrial |
| IR | — elastômero de isopreno [*isoprene rubber*] |
| ISO | — International Organization for Standardization |
| IUPAC | — International Union of Pure and Applied Chemistry |
| | |
| K | — Kelvin |
| kcal | — quilocaloria |
| kg | — quilograma |
| kgf | — quilograma-força |
| km | — quilômetro |
| kW | — quilowatt |
| kWh | — quilowatt-hora |
| | |
| $\ell$ | — litro |
| $\ell$b | — libra |
| $\ell$bf | — libra-força |
| $\ell$bm | — libra-massa |
| LCP | — polímero líquido-cristalino [*liquid crystal polymer*] |

| | |
|---|---|
| LDPE | — polietilieno de baixa densidade [*low density polyethylene*] |
| | |
| m | — metro |
| μ | — micron |
| MA | — acrilato de metila [*methyl acrylate*] |
| MAn | — anidrido maleico [*maleic anhydride*] |
| MBS | — copolímero de metacrilato de metila-butadieno-estireno [*methyl methacrylate-butadiene-styrene copolymer*] |
| MC | — metil-celulose [*methyl cellulose*] |
| MeSAN | — copolímero de *alfa*-metil-estireno-acrilonitrila [*alpha-methyl styrene - acrylonitrile copolymer*] |
| mg | — miligrama |
| μg | — micrograma |
| mi | — milha |
| mil | — milésimo de polegada |
| m*l* | — mililitro |
| μ*l* | — microlitro |
| mm | — milímetro |
| μm | — micrometro |
| MMA | — metacrilato de metila [*methyl methacrylate*] |
| Mn | — manganês |
| MR | — resina melamínica [*melamine resin*] |
| | |
| n | — número inteiro que indica o grau de polimerização, isto é, o número de unidades químicas repetidas na cadeia polimérica |
| N | — Newton |
| $\eta$ | — viscosidade |
| $[\eta]$ | — viscosidade intrínseca |
| Na | — sódio |
| NBR | — elastômero de butadieno-acrilonitrila [*butadiene-acrylonitrile rubber*] |
| Ni | — níquel |
| nm | — nonametro |
| NR | — borracha natural [*natural rubber*] |
| | |
| O | — oxigênio |
| | |
| p | — pressão |
| Pa | — Pascal |

| | |
|---|---|
| PA | — poliamida [*polyamide*] |
| PA-6 | — poliamida-6 [*polyamide-6*] |
| PA-6,6 | — poliamida-6,6 [*polyamide-6,6*] |
| PA-6,10 | — poliamida-6,10 [*polyamide-6,10*] |
| PA-11 | — poliamida-11 [*polyamide-11*] |
| PABM | — poli(amino-bis-maleimida) [*poly(amino-bis-maleimide*] |
| PAI | — poli(amida-imida) [*poly(amide imide)*] |
| PAN | — poliacrilonitrila [*polyacrylonitrile*] |
| PAR | — poliarilato [*polyarylate*] |
| PAS | — poli(aril-sulfona) [*poly(aryl sulfone)*] |
| Pb | — chumbo |
| PBI | — polibenzimidazol [*polybenzoimidazole*] |
| PBT | — poli(tereftalato de butileno) [*poly(butylene terephthalate)*] |
| PC | — policarbonato [*polycarbonate*] |
| PDMS | — poli(dimetil-silano) [*poly(dimethyl silane)*] |
| PE | — polietileno [*polyethylene*] |
| PEAD | — polietileno de alta densidade |
| PEBD | — polietileno de baixa densidade |
| PEEK | — poli(éter-éter-cetona) [*poly(ether ether ketone)*] |
| PEG | — poli(glicol etilênico) [*poly(ethylene glycol)*] |
| P(E-g-MA) | — poli(etileno-g-acrilato de metila) [*poly(ethylene-g-methyl acrylate)*] |
| PEI | — poli(éter-imida) [*poly(ether imide)*] |
| PEK | — poli(éter-cetona) [*poly(ether ketone)*] |
| PES | — poli(éter-sulfona) [*poly(ether sulfone)*] |
| PEPM | — poli(ftalato-maleato de etileno) [*poly(ethylene phthalate-maleate*] |
| PET | — poli(tereftalato de etileno) [*poly(ethylene terephthalate)*] |
| PETP | — poli(tereftalato de etileno) [*poly(ethylene terephthalate*] |
| PEUAPM | — polietileno de ultra-alto peso molecular |
| pg | — picograma |
| PI | — poli-imida [*polyimide*] |
| PIB | — poli-isobutileno [*polyisobutylene*] |
| PK | — policetona [*polyketone*] |
| PKK | — poli(cetona-cetona) [*poly(ketone-ketone)*] |
| pm | — picometro |
| PMMA | — poli(metacrilato de metila) [*poly(methyl methacrylate)*] |

| | |
|---|---|
| POM | — poli(óxido de metileno) [*poly(methylene oxide)*] |
| pp | — polipropileno [*polypropylene*] |
| PPD-I | — poliamida de p-fenilenodiamina-ácido isoftálico [*p-phenylene diamine-isophthalic acid polyamide*] |
| PPD-T | — poliamida de p-fenilenodiamina-ácido tereftálico [*p-phenylene diamine-terephthalic acid polyamide*] |
| PPO | — poli(óxido de propileno) [*poly(propylene oxide)*] |
| PPS | — poli(sulfeto de fenileno) [*poily(phenylene sulfide)*] |
| PPTA | — poli(fenileno-tereftalamida) [*poly(phenylene terephthalamide*] |
| PR | — resina fenólica [*phenol resin*] |
| PS | — poliestireno [*polystyrene*] |
| PSF | — poli-sulfona [*polysulfone*] |
| psi | — libra por polegada quadrada |
| PSMAn | — copolímero de estireno-anidrido maleico [*styrene-maleic anhydride copolymer*] |
| PTFE | — poli(tetraflúor-etileno) [*polytetrafluoroethylene*] |
| PU | — poliuretano [*polyurethane*] |
| PUR | — poliuretano [*polyurethane*] |
| PVAC | — poli(acetato de vinila) [*poly(vinyl acetate)*] |
| PVAL | — poli(álcool vinílico) [*poly(vinyl alcohol)*] |
| PVC | — poli(cloreto de vinila) [*poly(vinyl chloride)*] |
| PVDC | — poli(cloreto de vinilideno) [*poly(vinyl dichloride)*] |
| PVDF | — poli(fluoreto de vinilideno) [*poly(vinyl difluoride)*] |
| | |
| RA | — acrilato de alquilla [*alkyl acrylate*] |
| rad | — radiano |
| RPBT | — poli(tereftalato de butileno) reforçado [*reinforced poly(butylene terephthalate)*] |
| RPET | — poli(tereftalato de etileno) reforçado [*reinforced poly(ethylene terephthalate)*] |
| | |
| s | — segundo |
| $\Delta S_m$ | — entropia de mistura |
| SAN | — copolímero de estireno-acrilonitrila [*styrene-acrylonitrile copolymer*] |
| SBR | — elastômero de butadieno-estireno [*styrene-butadiene rubber*] |
| Si | — silício |
| SI | — Sistema Internacional |
| | |
| t | — tonelada |

| | |
|---|---|
| T | — temperatura |
| $T_c$ | — temperatura de cristalização |
| $T_g$ | — temperatura de transição vítrea |
| $T_m$ | — temperatura de fusão cristalina |
| TPE | — elastômero termoplástico [*thermoplastic elastomer*] |
| TPR | — borracha termoplástica [*thermoplastic rubber*] |
| TPU | — poliuretano termoplástico [*thermoplastic polyurethane*] |
| | |
| UR | — resina ureica [*urea resin*] |
| UHMWPE | — polietileno de altíssimo peso molecular [*ultra high molecular weight polyethylene*] |
| | |
| W | — Watt |
| W | — tungstênio |
| | |
| yd | — jarda |

# ALFABETO GREGO

| | | | |
|---|---|---|---|
| 1. | A | $\alpha$ | Alfa |
| 2. | B | $\beta$ | Beta |
| 3. | Γ | $\gamma$ | Gama |
| 4. | Δ | $\delta$ | Delta |
| 5. | E | $\varepsilon$ | Épsilon |
| 6. | Z | $\zeta$ | Zeta |
| 7. | H | $\eta$ | Eta |
| 8. | Θ | $\theta$ | Teta |
| 9. | I | $\iota$ | Iota |
| 10. | K | $\kappa$ | Capa |
| 11. | Λ | $\lambda$ | Lambda |
| 12. | M | $\mu$ | Mi |
| 13. | N | $\nu$ | Ni |
| 14. | Ξ | $\xi$ | Xi (cs) |
| 15. | O | $o$ | Ômicron |
| 16. | Π | $\pi$ | Pi |
| 17. | P | $\varrho$ | Rô |
| 18. | Σ | $\sigma$ | Sigma |
| 19. | T | $\tau$ | Tau |
| 20. | Y | $\upsilon$ | Îpsilon |
| 21. | Φ | $\phi$ | Fi |
| 22. | X | $\chi$ | Ki |
| 23. | Ψ | $\psi$ | Psi |
| 24. | Ω | $\omega$ | Ômega |

# Capítulo 1
# INTRODUÇÃO

Desde o início dos tempos, vem o homem executando trabalhos de engenharia progressivamente mais complexos, com a finalidade de suprir abrigo e propiciar conforto para si e seus dependentes, protegendo-se dos perigos e das intempéries.

O primeiro elemento estrutural, isto é, o primeiro material de engenharia usado pelo homem, foi a madeira, seguindo-se a pedra, depois os metais, a cerâmica, o vidro e, finalmente, os polímeros. Historicamente, pode-se acompanhar essa evolução através das Idades: da Pedra, ou Pré-história, dos Metais, ou Proto-história, Antiga, ou Antiguidade, Média, ou Medieval, Moderna e Contemporânea (**Quadro 1**).

A Idade da Pedra compreende 3 períodos: o eolítico, o paleolítico e o neolítico. No período eolítico, o homem, culturalmente mais atrasado, levava vida nômade. No paleolítico, a caça aos grandes animais já era feita com armas de pedra lascada, obtida de fragmentos da rocha vulcânica obsidiana, que é um vidro natural. O homem habitava cavernas e costurava com agulhas de ossos suas roupas, feitas com peles de animais. Construía choupanas e tendas de couro, quando havia deficiência de abrigos. No neolítico, o homem passou de coletor a produtor de alimentos, espalhando-se pelo mundo. Usava instrumentos de pedra polida, cerâmica, etc. A cerâmica é uma das peculiaridades tecnológicas do período neolítico; teve sua origem nas fossas dos celeiros que, forradas de argila, sofriam eventualmente a ação do fogo, o qual queimava o barro, revelando o princípio da cozedura desse material. Foram cons-

Quadro 1. Evolução do uso de elementos estruturais pelo homem

| Evolução histórica | | Ano | Material |
|---|---|---|---|
| Pré-história | Idade da Pedra | 25.000 AC até 6.500 AC | Madeira Pedra lascada Pedra polida |
| Proto-história | Idade dos Metais | 6.500 AC até 1.500 AC | Cobre Estanho Bronze Ferro Cerâmica |
| História | Idade Antiga ou Antiguidade | 4.000 AC até 500 AC | Vidro |
| | Idade Média ou Medieval | 500 até 1.500 | Ligas metálicas |
| | Idade Moderna | 1.500 até 1.800 | Concreto |
| | Idade Contemporânea | 1.800 até os dias atuais | Polímeros |

truídos grandes monumentos funerários de pedra, conhecidos como monumentos megalíticos.

A Pré-história teve duração muito maior do que as demais fases da existência do homem no planeta. Nem todos os povos atravessaram os mesmos estágios simultaneamente. O Egito vivia plenamente nos tempos históricos, enquanto muitos países europeus se achavam culturalmente na Pré-história. Ainda hoje, certos povos não-civilizados estão em plena fase neolítica.

A Idade dos Metais seguiu-se à Idade da Pedra. Caracterizou-se pelo começo da substituição da pedra pelo metal. O primeiro metal empregado pelo homem foi o cobre, cujo uso começou no Egito, pouco depois de 4000 AC, estendendo-se pelo Oriente Próximo; ligado ao estanho, deu origem ao bronze. O ferro foi usado primeiramente pelos hititas, a partir de 150 AC, e posteriormente por outros povos orientais. Admite-se, no entanto, que o desco-

POLÍMEROS COMO MATERIAIS DE ENGENHARIA

brimento do ferro, assim como o do cobre, deu-se em regiões distintas e sem influência recíproca.

Na Idade Antiga, despontam as grandes civilizações dos fenícios, egípcios, gregos e romanos; estendeu-se até aproximadamente 500 DC, e foi marcada pela queda de Constantinopla. Por esse tempo, surgiu o vidro. Esse material de engenharia teve seu desenvolvimento associado ao grande uso, na época, sob a forma de pedras preciosas artificiais e outras peças de adorno.

Na Idade Média, apareceram como materiais de engenharia outras ligas metálicas e na Idade Moderna, o concreto.

A Idade Contemporânea é a que vivemos, e tem sido marcada por grandes inovações no que diz respeito aos materiais de engenharia, paralelamente ao vertiginoso desenvolvimento da tecnologia.

No início do século XX, surgiu um fato que marcou profundamente a história da humanidade. Ficou provado que alguns materiais, produzidos pela Química incipiente do final do século e que até então eram considerados como colóides, consistiam na verdade de moléculas gigantescas, que podiam resultar do encadeamento de 10.000 ou mais átomos de carbono. Esses produtos de síntese apresentavam repetição de pequenas unidades estruturais em sua longa cadeia principal, e assim foram denominados *polímeros* (do grego, "muitas partes"). Uma grande parte dos produtos encontrados na Natureza é também constituída por imensas moléculas — como a madeira, a borracha, a lã, o DNA e muitos outros. Quando suas estruturas químicas não apresentavam unidades estruturais regularmente repetidas, essas moléculas foram chamadas *macromoléculas*. Os memoráveis trabalhos de Staudinger\*, corroborados pelas investigações de outros pesquisadores, como Mark\*\* e Marvel\*\*\*, comprovaram que a natureza dessas macromoléculas era semelhante à das moléculas pequenas, já conhecidas, e possi-

---

\* Hermann Staudinger, nascido na Alemanha, 1881-1965; Prêmio Nobel de Química em 1953. É considerado o Pai dos Polímeros.

\*\* Herman F. Mark, nascido na Áustria em 1895, renomado por seus trabalhos em ciência e tecnologia de polímeros.

\*\*\* Carl S. Marvel, nascido nos Estados Unidos, 1895-1988, notável por seus numerosos trabalhos sobre síntese e constituição de polímeros e sobre polímeros termoestáveis.

bilitaram o desenvolvimento dos materiais poliméricos de modo muito acentuado.

Atualmente, dentre os materiais de engenharia estão incluídos diversos polímeros. Plásticos, borrachas, fibras, adesivos, são materiais poliméricos bem conhecidos e indispensáveis à vida moderna. O tratamento introdutório deste assunto já se encontra apresentado pela Autora em outra publicação*. Neste livro, será dado enfoque especial às propriedades dos materiais poliméricos, objetivando sua aplicação como plásticos de engenharia.

Segundo alguns autores, *plásticos de engenharia* são polímeros que podem ser usados para aplicações de engenharia, como engrenagens e peças estruturais, permitindo seu uso em substituição a materiais clássicos, particularmente metais. Dentro desta conceituação, incluem-se apenas os *termoplásticos* (plásticos que podem ser reversivelmente aquecidos e resfriados, passando respectivamente de massas fundidas a sólidos; podem ser processados por métodos tradicionais, tais como laminação, injeção e extrusão). Este conceito exclui os chamados *plásticos especiais* (que apresentam conjunto incomum de propriedades) e os *termorrígidos* (que fundem quando aquecidos, porém nesse estado sofrem reação química que causa a formação de ligações cruzadas intermoleculares, resultando uma estrutura reticulada, infusível e insolúvel).

Segundo outros autores, entretanto, também são incluídos entre os plásticos de engenharia as resinas epoxídicas, fenólicas, ureicas e melamínicas, que são termorrígidas. Neste livro, o conceito de plásticos de engenharia se aplica a todos os polímeros que podem ser usados em substituição aos materiais tradicionais de engenharia, independentemente de sua estrutura química ou de seu caráter, termoplástico ou termorrígido.

A *Figura 1* apresenta uma classificação dos materiais de engenharia, grupando-os em clássicos, ou tradicionais, e não-clássicos, mais modernos. Os materiais *clássicos* compreendem madeiras, cerâmicas, vidros e metais. Esses materiais não serão abordados em detalhe neste livro. Os *não-clássicos* compreendem os polímeros, que são materiais mais recentes, cuja estrutura molecular somente

---

* E.B. Mano — ''Introdução a Polímeros'', Editora Edgar Blücher, São Paulo, 1985.

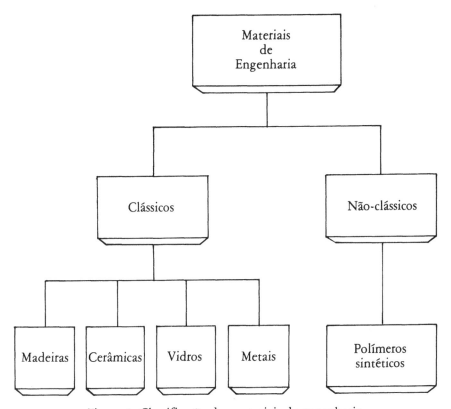

Figura 1. Classificação dos materiais de engenharia

se tornou conhecida de maneira insofismável no final da década de 20. A sua grande aplicação na vida atual e no desenvolvimento acelerado das conquistas tecnológicas, que caracterizam a civilização contemporânea, exige estudo mais aprofundado. Os capítulos seguintes discutirão as propriedades desses materiais que os tornam tão importantes.

**Bibliografia recomendada**

— E.B. Mano — "Introdução a Polímeros", Editora Edgard Blücher, São Paulo, 1985.
— V.E. Yarsley — "Hermann Staudinger", *Shell Polymers*, vol. 2, pág. 23, 1978.
— "Herman Mark", *Shell Polymers*, vol. 3, pág. 56, 1979.

# Capítulo 2

# PROPRIEDADES QUE CARACTERIZAM

# OS MATERIAIS

O desempenho dos materiais se relaciona com uma série de características significativas, que podem ser distribuídas em 3 grandes grupos: as propriedades físicas, as propriedades químicas e as propriedades físico-químicas.

## 1. Propriedades físicas

As *propriedades físicas* são aquelas que não envolvem qualquer modificação estrutural a nível molecular dos materiais. Dentre elas, incluem-se as propriedades mecânicas, térmicas, elétricas e óticas. Essas características são avaliadas por métodos clássicos, muitas vezes empíricos, descritos em detalhes nas Normas de cada país, quando existem.

As normas brasileiras são elaboradas pela *Associação Brasileira de Normas Técnicas* (ABNT), e ainda são em número insuficiente para todos os materiais poliméricos. As normas americanas, *American Standards for Testing and Materials* (ASTM), e britânicas, *British Standards* (BS), são bastante completas; as normas alemãs, preparadas pela Deutsche Institut für Normung (DIN), francesas, sob a responsabilidade de *Association Française de Normalisation* (AFNOR), e internacionais, a cargo da *International Organization for Standardization* (ISO), são também muito úteis. A caracterização dos produtos brasileiros é encontrada, em geral, obedecendo às normas ASTM.

## 1.1. Propriedades mecânicas

As *propriedades mecânicas* compreendem a totalidade das propriedades que determinam a resposta dos materiais às influências mecânicas externas; são manifestadas pela capacidade de esses materiais desenvolverem deformações reversíveis e irreversíveis, e resistirem à fratura.

Essas características fundamentais dos materiais são geralmente avaliadas por meio de ensaios, que indicam diversas dependências tensão-deformação. Entretanto, esses ensaios são insuficientes para descrever completamente os materiais poliméricos também a nível molecular. Assim, as características moleculares dos polímeros, que se refletem nas suas propriedades mecânicas, podem ser quantificadas através de métodos cujo empirismo é contrabalançando pelo rigor das condições, estabelecidas nas normas técnicas de cada país.

As propriedades mecânicas mais importantes decorrem de processos onde há grandes relaxações moleculares, como relaxação sob tensão, escoamento sob peso constante e histerese. Essas relaxações dependem muito da temperatura, da capacidade de desenvolver deformações reversíveis pronunciadas, que são maiores em elastômeros vulcanizados, e da íntima correlação entre processos mecânicos e químicos, os quais se influenciam mutuamente de modo substancial.

Os polímeros com cadeias formadas por anéis aromáticos, interligados por um ou dois átomos pertencentes a grupos não-parafínicos, oferecem maior dificuldade à destruição da ordenação macromolecular, e assim apresentam propriedades mecânicas mais elevadas, as quais se mantêm ao longo de uma ampla faixa de temperatura.

Serão abordadas as seguintes propriedades mecânicas: resistência à tração, alongamento na ruptura, módulo de elasticidade, resistência à compressão, resistência à flexão, resistência à fadiga, resistência ao impacto, dureza, resistência à fricção e resistência à abrasão.

Os polímeros aos quais essas propriedades se referem estão representados por siglas; as informações foram colhidas na literatura, procurando-se sempre os dados relativos aos materiais com o mínimo de aditivos e registrando-se as faixas de valores encontrados.

### 1.1.1. Resistência à tração

A *resistência à tração*, ou resistência à tração na ruptura, ou tenacidade de um material, é avaliada pela carga aplicada ao material por unidade de área, no momento da ruptura. Na *Figura 2*, encontra-se a resistência à tração dos materiais poliméricos mais comuns, bem como de materiais de engenharia clássicos. Nota-se que os polímeros têm valores de resistência à tração todos muito baixos (abaixo de 10 kgf/mm$^2$), bem maiores quando se trata de fibras; os metais apresentam resistência muito elevada, até 100 kgf/mm$^2$. Esses resultados são comumente expressos, tanto na literatura como na indústria, em MPa, Pa, N/m$^2$, kgf/mm$^2$. Os métodos ASTM D 412, D638 e D 882 descrevem os ensaios.

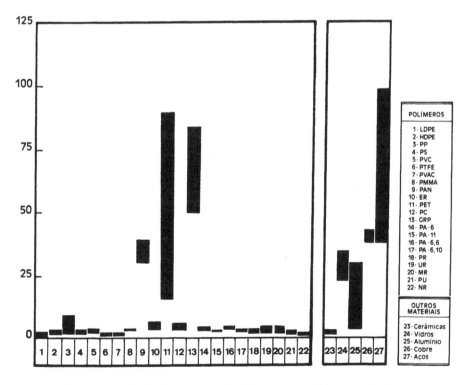

**Figura 2.** Resistência à tração de diversos materiais a 20-25°C

### 1.1.2. Alongamento na ruptura

O *alongamento na ruptura* representa o aumento percentual do comprimento da peça sob tração, no momento da ruptura. Encontram-se na *Figura 3* os alongamentos na ruptura dos materiais poliméricos mais comuns. Observa-se que grandes alongamentos na ruptura (até de 900%) são uma característica dos polímeros, em geral, e das borrachas, em particular, especialmente a borracha natural. Esse alongamento é muito pequeno nos metais e cerâmicas, da ordem de algumas unidades. Os métodos de ensaio usados são os mesmos aplicados para a determinação da resistência à tração.

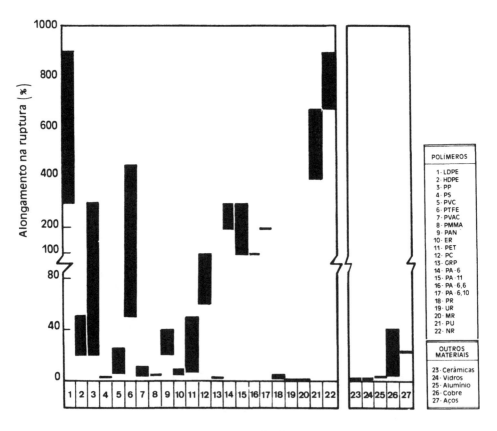

**Figura 3.** Alongamento na ruptura de diversos materiais a 20-25°C

### 1.1.3. Módulo de elasticidade

O *módulo de elasticidade* é medido pela razão entre a tensão e a deformação, dentro do limite elástico, em que a deformação é totalmente reversível e proporcional à tensão. É chamado também de *módulo de Young*, e se aplica tanto à tração quanto à compressão, referindo-se à área transversal no início do ensaio. Os módulos de elasticidade são ilustrados na *Figura 4*; nota-se que os polímeros de alta cristalinidade, ou aqueles que apresentam estruturas rígidas aromáticas, ou ainda os polímeros reticulados, revelam módulo de elasticidade mais elevado. Os módulos dos polímeros em geral não excedem 500 kgf/mm², enquanto que, para as fibras, podem atingir 1500 kgf/mm²; para os materiais cerâmicos, vítreos e metálicos, esses valores se encontram entre $10^3 - 10^5$ kgf/mm².

No caso de elastômeros vulcanizados, o alongamento atingido ainda na região elástica é muito grande, e assim a palavra "módulo" é empregada tradicionalmente com outro significado: é a força calculada por unidade de área transversal inicial (tensão), e é medida a determinadas deformações, que precisam ser explicitadas na informação (por exemplo, em borracha, módulo a 300% é a tensão correspondente à tração, quando se atinge 300% de alongamento). Os métodos de determinação do módulo de elasticidade são os mesmos já mencionados para resistência à tração.

A *recuperação* representa o grau em que o material retorna às dimensões originais, após a remoção da tensão. Depende tanto da intensidade desta força quanto do tempo durante o qual foi aplicada. Pela atuação da força, as macromoléculas tendem a escoar; removida, retornam parcialmente à situação primitiva. Se o material é muito cristalino, é também rígido e resiste mais à deformação; no entanto, sempre há uma perda de dimensão quando se ultrapassa o limite elástico de cada material. Quando o polímero é pouco cristalino, ou está acima da sua temperatura de transição vítrea, há maior escoamento ("creep") e as peças sofrem deformação mais pronunciada, até mesmo por escoamento sob a ação de seu próprio peso ("cold flow"). A recuperação é avaliada em percentual do valor da dimensão original. O método ASTM D 412 descreve a determinação da recuperação em polímeros.

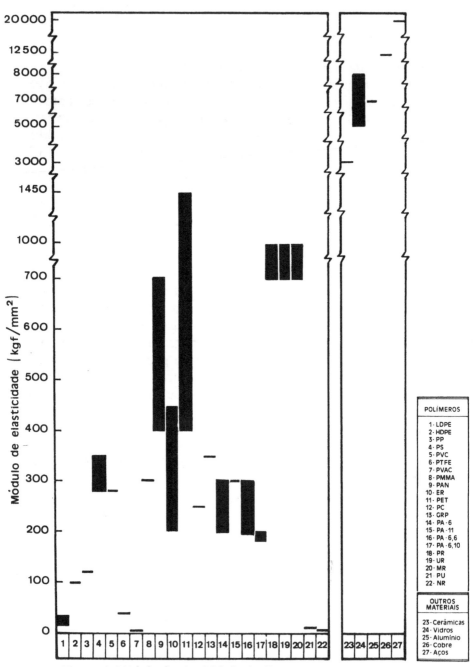

**Figura 4.** Módulo de elasticidade de diversos materiais a 20-25°C

A *resiliência* é determinada pela quantidade de energia devolvida após a deformação, por aplicação de uma tensão. É medida geralmente em percentual da energia recuperada e fornece informação sobre o caráter elástico do material. O método ASTM D 2632 descreve o procedimento.

A *histerese* é um fenômeno observado em alguns materiais pelo qual certas propriedades, em determinado estado, dependem de estados anteriores; é comumente descrita como a *memória* do material para aquela propriedade.

O fato conhecido de algumas propriedades dos plásticos dependerem do seu processamento (isto é, sua *história térmica*) é uma manifestação usual da histerese. No caso de propriedades mecânicas, a histerese pode ser medida pela perda de energia durante um dado ciclo de deformação e recuperação do material. Quando se refere à resiliência, a determinação da histerese é feita pelo método ASTM D 2231.

O *desenvolvimento de calor* ("heat build-up") designa o calor gerado em uma sucessão de ciclos de deformação e recuperação, pela transformação da energia, perdida por histerese, em energia térmica; essa energia devolvida causa o aumento de temperatura da peça, durante os ciclos, que é determinada pelo método ASTM D 623, método A, e medida em °C.

### 1.1.4. Resistência à compressão

A *resistência à compressão* é expressa pela tensão máxima que um material rígido suporta sob compressão longitudinal, antes que o material colapse. Encontram-se na *Figura 5* valores típicos informativos da resistência à compressão de diversos materiais. Nota-se a superioridade da resistência das resinas termorrígidas sobre as termoplásticas, porém ainda muito inferiores à dos materiais de engenharia convencionais. A medida é feita nas memas unidades usadas para a resistência à tração, pelo método ASTM D 695.

### 1.1.5. Resistência à flexão

A *resistência à flexão* representa a tensão máxima desenvolvida na superfície de uma barra quando sujeita a dobramento. Aplica-

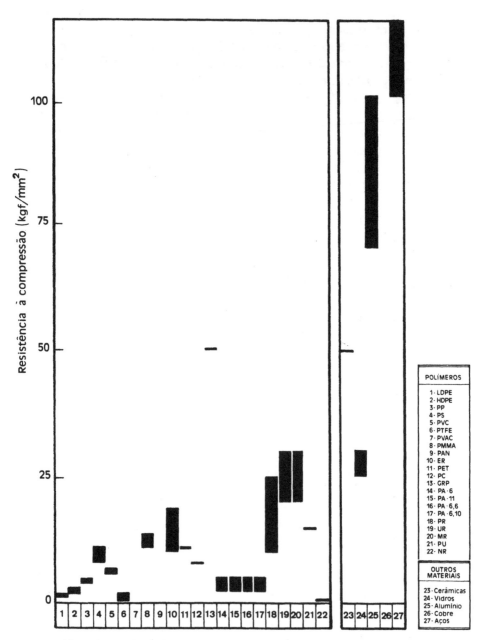

Figura 5. Resistência à compressão de diversos materiais a 20-25°C

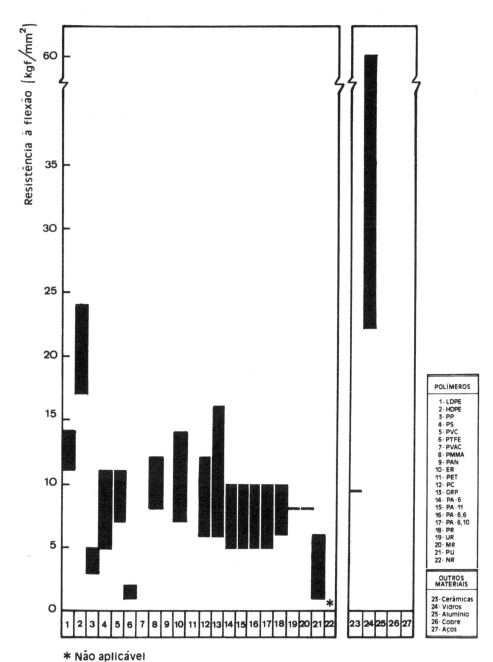

\* Não aplicável

**Figura 6.** Resistência à flexão de diversos materiais a 20-25°C

se a materiais rígidos, isto é, aqueles que não vergam excessivamente sob a ação da carga. A *Figura 6* apresenta valores da resistência á flexão de diversos materiais e mostra a equivalência dos materiais plásticos às cerâmicas; não é significativa para as borrachas. É expressa em kgf/mm² e pode ser determinada pelo método ASTM D 790.

### 1.1.6. Resistência à fadiga

A *resistência à fadiga* , ou resistência à flexão dinâmica, exprime a tensão máxima, desenvolvida alternadamente como tração e compressão, a que um material pode resistir quando a peça é exposta a dobramentos e desdobramentos consecutivos. É quantificada pelo número de ciclos suportado pela peça nas condições do método (ASTM D 671).

### 1.1.7. Resistência ao impacto

A *resistência ao impacto* representa a tenacidade ou a resistência de um material rígido à deformação a uma velocidade muito alta. Uma distinção deve ser feita entre materiais quebradiços ou friáveis, e resistentes ou tenazes. Nas velocidades usuais de aplicação da força, os friáveis têm muito pouca extensibilidade, enquanto que os tenazes têm extensibilidade relativamente alta. Na *Figura 7* podem ser encontrados valores de resistência ao impacto. Observa-se a alta resistência do polietileno de baixa densidade, que se deforma, porém não quebra; abaixo dele, o polietileno de alta densidade, mais cristalino, também bastante resistente. O plástico de engenharia, policarbonato, cuja resistência ao impacto é maior do que a da cerâmica e do alumínio, é até empregado como proteção contra balas de metralhadora. A resistência ao impacto é avaliada pelos métodos ASTM D 256, D 746 e D 2463, e pode ser expressa em cm.kgf/cm².

### 1.1.8. Dureza

A *dureza* mede a resistência ou à penetração, ou ao risco. As ligações cruzadas aumentam muito a dureza, e os plastificantes a

# POLÍMEROS COMO MATERIAIS DE ENGENHARIA

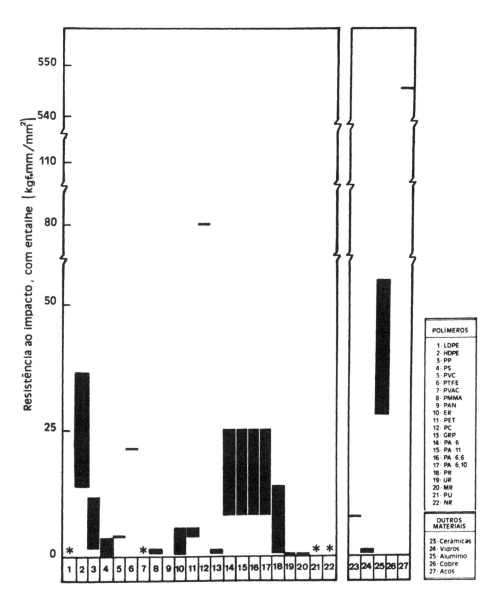

\* Não aplicável ; não quebra nas condições do ensaio.

**Figura 7.** Resistência ao impacto de diversos materiais a 20-25°C

diminuem. Os materiais poliméricos são menos duros do que os materiais cerâmicos, vítreos e metálicos. A dureza é medida em escalas arbitrárias pelos métodos ASTM D 785 e D 2240.

### 1.1.9. Resistência à fricção

A *resistência à fricção* , ou resistência ao deslizamento, é uma propriedade importante para os materiais de engenharia. A força friccional se opõe à força de deslizamento, e depende do acabamento da superfície do material. Pode ser representada pelo coeficiente de atrito, que é a razão entre a força de fricção e a carga aplicada normalmente à superfície de 2 placas superpostas entre as quais se desenvolve o atrito. Para a maioria dos plásticos, o valor desse coeficiente está entre 0,2 e 0,8. O politetraflúor-etileno é o único a exibir um coeficiente de fricção excepcionalmente baixo (abaixo de 0,02) em quase todas as composições, independente da adição, ou não, de lubrificante. As borrachas macias têm coeficiente de fricção excepcionalmente alto (4 ou mais). É grandeza adimensional, determinada pelos métodos ASTM D 1894 e D 3028.

### 1.1.10. Resistência à abrasão

A *resistência à abrasão* significa a capacidade que um material tem de resistir ao desgaste produzido por fricção. Geralmente é medida por comparação entre o desempenho de materiais tomados como padrão, empregados para fins semelhantes. O método ASTM D 1242 descreve a determinação dessa propriedade como perda percentual em volume, em relação a um padrão. Esses valores não têm significado absoluto pois dependem de muitas variáveis. Os poliuretanos são os plásticos que apresentam maior resistência à abrasão.

### 1.2. Propriedades térmicas

As *propriedades térmicas* nos polímeros são observadas quando a energia térmica, isto é, o calor, é fornecido ou removido do material; são maus condutores de calor. A capacidade de transferir calor, isto é, conduzir calor, é medida pela condutividade e pela difusibilidade térmicas. A capacidade de armazenar calor é avaliada pelo calor específico; as alterações de dimensão, devidas às mudanças de temperatura, são estimadas através da expansão térmica. Por outro lado, as modificações observadas nos materiais quando sujeitos a variações de temperatura são de grande importância e incluem as temperaturas de fusão cristalina, $T_m$, e de transição vítrea, $T_g$.

### 1.2.1. Calor específico

*Calor específico* é a quantidade de energia térmica requerida para elevar de 1°C a unidade de massa do material. Os metais

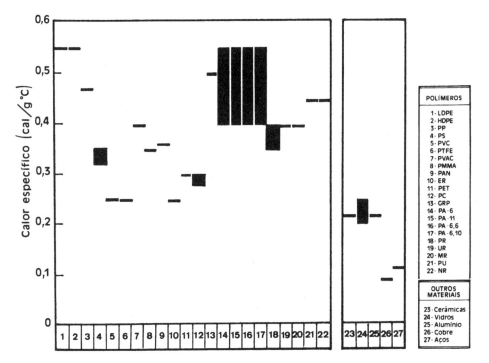

**Figura 8.** Calor específico de diversos materiais a 20°C

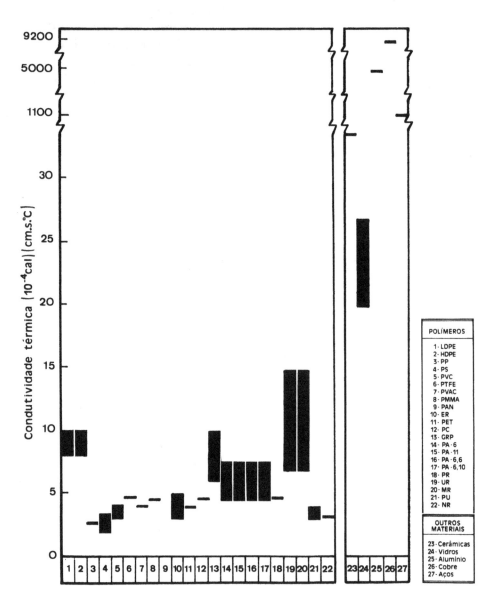

**Figura 9.** Condutividade térmica de diversos materiais a 20°C

apresentam valores muito baixos (abaixo de 0,1 cal/g°C), enquanto que os plásticos exibem valores entre 0,2 e 0,5, em parte devido à mobilidade dos segmentos moleculares. A *Figura 8* mostra valores de calor específico para alguns polímeros e materiais relacionados. Pode ser medido pelo método ASTM C 351 e expresso em cal/g.°C. Para comparação, observe-se que o calor específico da água é 1,0 cal/g.°C, muito superior ao apresentado pelos materiais de engenharia.

### 1.2.2. Condutividade térmica

A *condutividade térmica* mede a quantidade de calor transferida, na unidade de tempo, por unidade de área, através de uma camada de espessura unitária, sendo 1°C a diferença de temperatura entre as faces. Expressa a característica de o material ser bom ou mau condutor de calor. Os polímeros são tipicamente maus condutores, ao contrário dos metais; é bem conhecido que, pelo tato, através da sensação de calor ou frio, pode-se distinguir um plástico de um metal. Como se vê na *Figura 9*, a condutividade térmica dos polímeros, medida em cal/cm·s·°C, se apresenta com valores até $10^{-3}$; a dos metais é muito mais alta, enquanto que a dos vidros é intermediária. Os métodos ASTM C 177 e D 4351 descrevem a sua determinação. Note-se que o ar, que é bom isolante térmico, apresenta condutividade muito baixa (0,00006 cal/cm·s·°C); a porção de ar aprisionado em um material poroso diminui sua condutividade térmica e aumenta sua característica de isolante ao calor.

### 1.2.3. Expansão térmica

*Expansão térmica* é a propriedade que mede, ou traduz, o volume adicional necessário para acomodar os átomos e moléculas por estarem vibrando mais rápido e com maior amplitude, devido ao aquecimento; é avaliada pelo coeficiente de dilatação térmica linear, que é o alongamento relativo da peça por unidade de temperatura. É expresso em $°C^{-1}$ e pode ser determinado pelo método ASTM D 696. Pode-se verificar pela *Figura 10* que o coeficiente de dilatação térmica linear dos polímeros é mais elevado, atingindo até $2,3 \times 10^{-4}/°C$, destacando-se a borracha de silicone, cujo coeficiente chega ao dobro desse valor, enquanto que os materiais não-poliméricos têm coeficientes de dilatação térmica bastante inferiores. Note-se o valor muito menor do coeficiente de dilatação térmica linear dos metais, quando comparados aos materiais poliméricos. Esse comportamento pode ser explicado porque a mobilidade dos segmentos macromoleculares, em que os átomos estão unidos através de ligações covalentes, é mais pronunciada do que no caso das ligações iônicas (encontradas nas cerâmicas e vidros) e metálicas.

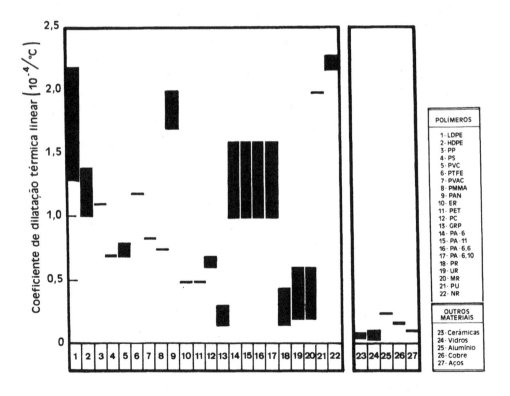

**Figura 10.** Coeficiente de dilatação térmica linear de diversos materiais a 20°C

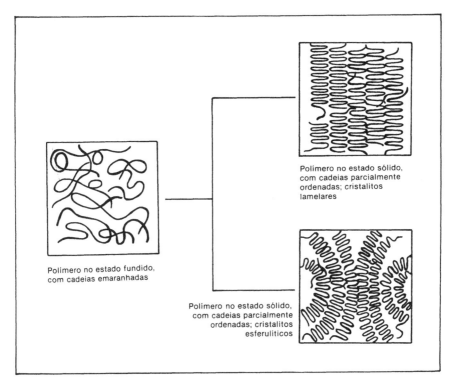

Figura 11. Estrutura cristalina dos polímeros

### 1.2.4. Fusão cristalina

Os polímeros fundem quando aquecidos, apresentando-se em geral como uma massa irregular, com as cadeias macromoleculares emaranhadas em maior ou menor grau. Quando essa massa é deixada em repouso, dependendo da velocidade de resfriamento, as cadeias assumem as conformações mais favoráveis, formando regiões de estrutura ordenada, cristalina, descontínua, geralmente lamelar, interligadas por segmentos dessas cadeias. Isso pode ser melhor compreendido pela representação vista na *Figura 11*. As vezes, formam-se esferulitos.

*A temperatura de fusão cristalina*, $T_m$, é aquela em que as regiões ordenadas dos polímeros, isto é, os cristalitos e esferulitos, se desagregam e fundem. A transição é de primeira ordem, endotér-

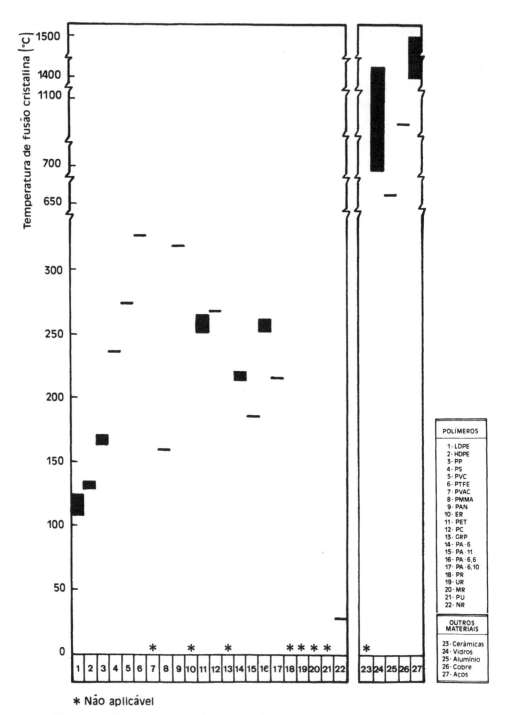

* Não aplicável

Figura 12. Temperatura de fusão cristalina de diversos materiais

mica; envolve mudança de estado e está associada às regiões cristalinas. A *Figura 12* mostra a temperatura de fusão relativamente elevada de polímeros de alta cristalinidade, quando comparada à temperatura de fusão de polímeros predominantemente amorfos. É tanto mais alta quanto maior for a estabilidade das regiões ordenadas da massa, sendo muito elevada nos materiais inorgânicos.

Nos termoplásticos, a temperatura máxima de fusão é inferior a 300°C; os plásticos termorrígidos não apresentam fusão, porém sofrem carbonização por aquecimento. Os metais, de um modo geral, têm temperaturas de fusão muito altas; no caso do ferro, é da ordem de 1500°C. A temperatura de fusão cristalina é medida pelos métodos ASTM D 2117 e D 3418.

### 1.2.5. Transição vítrea

A *transição vítrea* está associada à região amorfa dos polímeros. A transição é de segunda ordem e representa a temperatura em que a mobilidade das cadeias moleculares, devido à rotação de grupos laterais em torno de ligações primárias, se torna restrita pela coesão intermolecular. Abaixo da temperatura de transição vítrea, $T_g$, desaparece a mobilidade das cadeias macromoleculares, e o material torna-se mais rígido. Todas as borrachas têm $T_g$ abaixo da temperatura ambiente; nos polímeros de uso geral, $T_g$ não ultrapassa 110°C, conforme a *Figura 13* permite verificar. A razão entre $T_g$ e $T_m$ está entre 0,5 e 0,8. As ramificações da cadeia aumentam a mobilidade e assim, abaixam a $T_g$. No HDPE, sem ramificações, a $T_g$ se refere a movimentos de segmentos da cadeia, que somente ocorrem a temperaturas muito mais baixas, e das extremidades da macromolécula. O método ASTM D 3418 se refere à determinação dessa transição térmica.

### 1.2.6. Temperatura de distorção ao calor

A *temperatura de distorção ao calor* é aquela a partir da qual o escoamento viscoso do polímero é mais pronunciado; é uma medida empírica. No entanto, é muito importante, porque permite avaliar a adequação, ou não, do material para o artefato desejado.

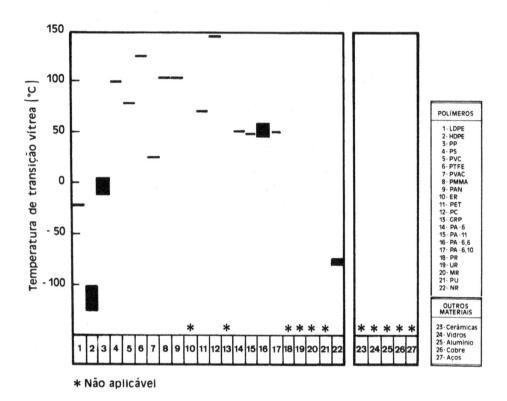

Figura 13. Temperatura de transição vítrea de diversos polímeros

É tecnicamente designada pela sigla HDT, "heat distortion temperature". Quanto mais alta for essa temperatura, maior será a resistência à deformação pelo calor. É geralmente determinada em °C, pelo método ASTM D 648 (*Figura 14*). A temperatura de distorção ao calor é via de regra inferior a 100°C nos termoplásticos de uso geral. Nos termorrígidos, não ocorre distorção por aquecimento; à medida que a temperatura vai sendo aumentada, ocorre degradação progressiva do material polimérico. Os materiais inorgânicos são muito mais resistentes ao calor do que os polímeros orgânicos.

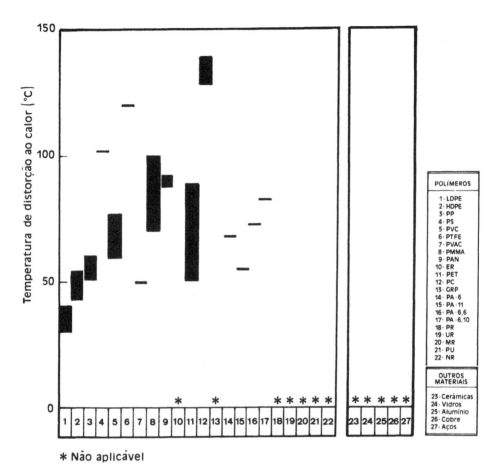

* Não aplicável

**Figura 14.** Temperatura de distorção ao calor de diversos materiais

## 1.3. Propriedades elétricas

Assim como os polímeros são maus condutores de calor, são também maus condutores de eletricidade.

A maioria das *propriedades elétricas* desses isolantes é função da temperatura. Isto é particularmente importante em sistemas eletrônicos modernos, que muitas vezes têm de operar a altas temperaturas. Dependendo do material, as propriedades podem variar gradualmente numa dada direção com a temperatura, podem alternar-se em algum grau ao longo de uma faixa, ou podem mudar drasticamente, além da faixa crítica.

As principais características elétricas dos materiais poliméricos são: rigidez dielétrica, resistividade, constante dielétrica, fator de potência e fator de dissipação, e resistência ao arco.

### 1.3.1. Rigidez dielétrica

A *rigidez dielétrica* indica em que grau um material é isolante; é medida pela tensão elétrica que o material pode suportar antes da ocorrência de perda das propriedades isolantes. A falha do material é revelada pela excessiva passagem de corrente elétrica, com a destruição parcial da peça. É acompanhada de efeitos luminosos, ruídos, interferência em transmissões de rádio e televisão, e descargas parciais, indesejáveis em materiais isolantes. Ocorrem reações químicas, que acarretam o aparecimento de gases, com a degradação do material sólido, destruindo o isolamento elétrico. A *Figura 15* mostra a rigidez dielétrica de alguns materiais poliméri-

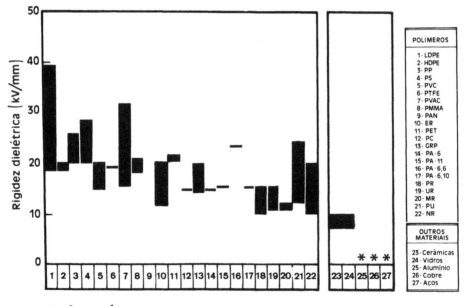

\* Não aplicável

**Figura 15.** Rigidez dielétrica de diversos materiais a 20-25°C

cos comuns. Observa-se a superioridade do polietileno sobre os demais polímeros, e também sobre as cerâmicas, no que diz respeito à rigidez dielétrica. Esta propriedade é avaliada segundo o método ASTM D 149, e é normalmente expressa em V/mm. Não se aplica aos metais, que são bons condutores de eletricidade; nos polímeros, cerâmicas e vidro, os valores de rigidez dielétrica estão na faixa de 10-40 V/mm.

### 1.3.2. Resistividade volumétrica

A resistência de materiais isolantes à passagem da corrente elétrica é medida como *resistividade volumétrica* entre as faces de

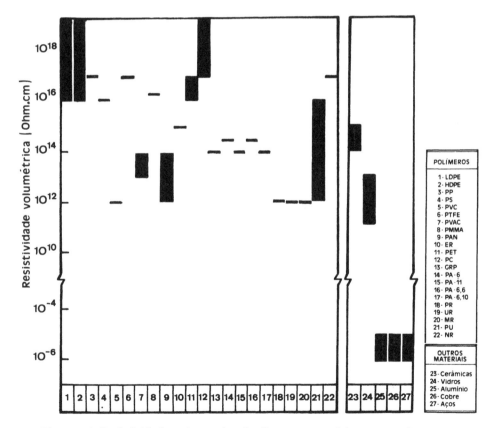

Figura 16. Resistividade volumétrica de diversos materiais a 20-25°C

uma unidade cúbica, para um dado material e uma dada temperatura. Os polímeros são maus condutores, oferecendo alta resistência. A *Figura 16* mostra a resistividade volumétrica de alguns materiais, inclusive polímeros. É interessante observar que todos os polímeros considerados exibem resistividade volumétrica superior a $10^{12}$ $\Omega \cdot$ cm; comportamento semelhante é mostrado pelas cerâmicas e vidros. Quanto aos metais, os valores são muito pequenos, da ordem de $10^{-6}$ $\Omega \cdot$ cm. A resistividade volumétrica é determinada pelo método ASTM D 257. Pode também ser avaliada pelo seu inverso, a condutividade elétrica, e nesse caso é expressa em S/cm.

### 1.3.3. Constante dielétrica

A *constante dielétrica* de um material é uma característica correlacionada à energia eletrostática que pode ser armazenada em um capacitor que tem o material como dielétrico. É medida pela razão entre a capacitância do capacitor contendo como isolante o material em questão e a capacitância do mesmo sistema, porém substituindo o material isolante pelo ar (*Figura 17*). É interessante notar as baixas constantes dielétricas dos polímeros, em geral bem menores do que as de cerâmicas e vidros. O poli(tetraflúoretileno) é o polímero de mais baixa constante dielétrica, em torno de 2,0. Esta propriedade não se aplica aos metais. O método D 150 permite determinar esta característica.

### 1.3.4. Fator de potência

*Fator de potência* é a razão entre a potência dissipada pelo material isolante e a máxima potência que seria fornecida ao sistema, mantendo-se os mesmos valores de diferença de potencial e intensidade de corrente. É uma medida relativa da perda dielétrica do material, quando o sistema age como isolante, e é comumente usada como medida de qualidade do isolante. *Fator de dissipação* é a tangente do ângulo da perda dielétrica. Para baixos valores, o fator de potência e o fator de dissipação são praticamente iguais. O fator de potência é determinado pelo método ASTM D 150 e medido em W/V.A.

### 1.3.5. Resistência ao arco

*Resistência ao arco* é uma medida das condições de perda das propriedades dielétricas ao longo da superfície de um isolante, causada pela formação de caminhos condutivos na superfície do material. Altos valores de resistência ao arco indicam maior resistência à falha elétrica. É avaliada pelo método ASTM D 495 e medida em segundos. Está relacionada à rigidez dielétrica a altas temperaturas.

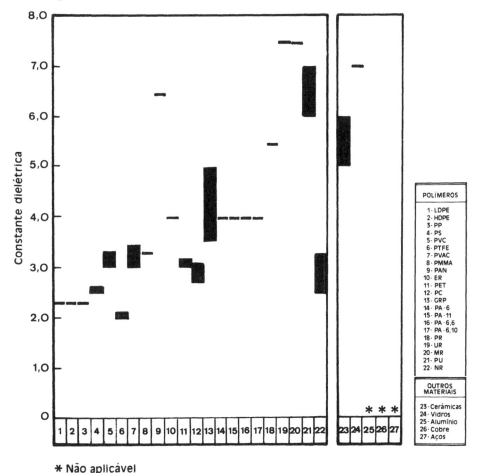

* Não aplicável

**Figura 17.** Constante dielétrica de diversos materiais a 20-25°C

## 1.4. Propriedades óticas

As propriedades óticas dos polímeros podem informar sobre a estrutura e ordenação moleculares, bem como sobre a existência de tensões sob deformação.

As principais propriedades óticas dos materiais poliméricos são: transparência, índice de refração, birrefringência e fotoelasticidade.

### 1.4.1. Transparência

A *transparência* à luz visível é apresentada por polímeros amorfos ou com muito baixo grau de cristalinidade. É quantitativamente expressa pela *transmitância*, que é a razão entre a quantidade de luz que atravessa o meio e a quantidade de luz que incide perpendicularmente à superfície; pode alcançar até 92% nos plásticos comuns. A quantidade de luz restante é refletida à superfície ou absorvida dentro do material transparente. A presença de inclusões muito pequenas, ou de cristalitos, torna o material semitransparente, pois essas partículas atuam espalhando a luz. Materiais poliméricos muito cristalinos tornam-se translúcidos ou semitransparentes, ou mesmo opacos. A determinação da transmitância é feita pelos métodos ASTM D 1746 e D 1003, e medida em %.

### 1.4.2. Índice de refração

Índice de refração de uma substância é a razão entre a velocidade da radiação eletromagnética no vácuo ($3 \times 10^{10}$ cm/s) e a velocidade em um dado meio. O que se determina é a diminuição da velocidade da luz quando passa do vácuo para um meio transparente e oticamente isotrópico. O índice de refração está relacionado ao desvio que ocorre quando o raio de luz passa em um ângulo inclinado de um meio para outro; é definido pela razão entre os senos dos ângulos de incidência e de refração. A *Figura 18* aponta uma série de valores para essa propriedade, obtidos em materiais diversificados. O valor do índice de refração é importante para o emprego dos materiais em fibras óticas. Esse índice, que é adimensional, é medido segundo o método ASTM D 542. A maioria dos polímeros tem índice de refração na faixa 1,45-1,60; é interessante observar o alto valor exibido pelo poli(tereftalato de etileno) e o baixo valor encontrado para a borracha natural.

A birrefringência ocorre em materiais anisotrópicos e é a diferença entre dois dos três índices de refração, segundo as três dire-

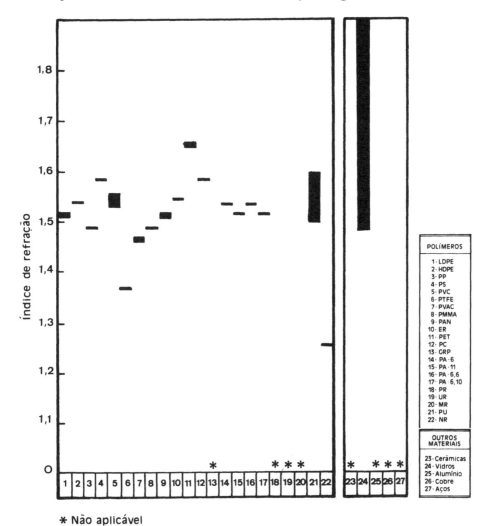

* Não aplicável

Figura 18. Índice de refração de diversos materiais a 20-25°C

ções do espaço. A birrefringência pode ser provocada, mesmo num material isotrópico, por um campo elétrico (*efeito Kerr*), ou por um campo magnético (*efeito Cotton-Mouton*), ou por tensões mecânicas (*fotoelasticidade*).

*Fotoelasticidade* é a propriedade apresentada por alguns materiais sólidos, isotrópicos e transparentes, de se tornarem duplamente refringentes quando submetidos a forças; apresentam-se com zonas coloridas quando vistos à luz polarizada. Neste caso, a birrefringência resulta da variação do índice de refração do material quando está sob tensão. As formas delineadas nas zonas coloridas permitem observar a distribuição das forças no interior de estruturas tensionadas, quando estas são transparentes. Esta propriedade pode ser utilizada no estudo da distribuição de tensões em grandes estruturas (como pontes, colunas, etc.), através de modelos de poli(metacrilato de metila) obtidos por polimerização no molde e assim, livres de tensões.

## 1.5. Outras propriedades físicas

Dentre as propriedades físicas dos materiais poliméricos que não se enquadram nos grupos anteriores, estão a densidade e a estabilidade dimensional.

### 1.5.1. Densidade

A *densidade* de um material reflete a sua estrutura química e a sua organização molecular. Assim, as regiões cristalinas são mais compactas, enquanto que as regiões amorfas são mais volumosas. Os materiais poliméricos são todos comparativamente leves, como se vê na *Figura 19*, em que estão listadas as suas densidades em comparação com outros materiais. A maior parte dos polímeros apresenta densidades na faixa 0,9-1,5, com a maior concentração de valores em torno de 1. A presença de halogênios conduz a maiores densidades, especialmente no politetraflúor-etileno, produto totalmente halogenado, em que a densidade atinge 2,3. Observa-se que, em geral, os materiais não-poliméricos têm densida-

# POLÍMEROS COMO MATERIAIS DE ENGENHARIA

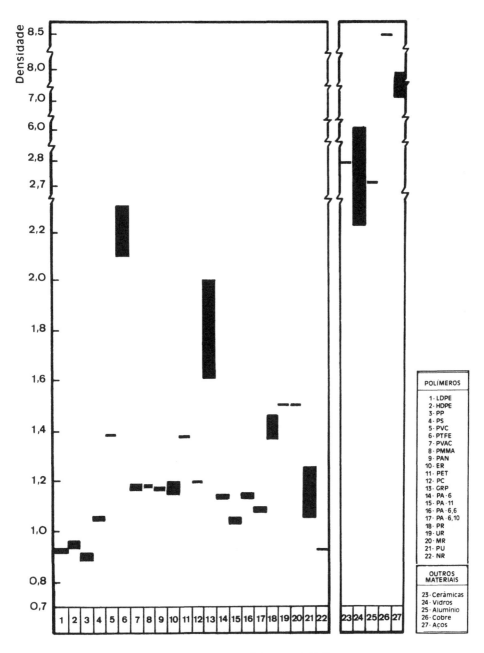

**Figura 19.** Densidade de diversos materiais a 20-25°C

de muito maior, especialmente os metais (por exemplo, ferro tem densidade 7-8).

A expressão *densidade*, ou *densidade absoluta*, pode ter diversos significados; assim, a massa por unidade de volume, a uma certa temperatura, é também chamada *massa específica* e é medida usualmente nas unidades $g/cm^3$, $kg/m^3$, $g/ml$. Por outro lado, pode significar o quociente de duas massas específicas, sendo uma delas tomada como padrão, e neste caso é chamada *densidade relativa*, que é uma grandeza adimensional. Esses valores são praticamente iguais, e assim geralmente se emprega apenas o termo *densidade*. Os métodos ASTM D 792 e D 1895 descrevem a determinação das diferentes densidades.

Não se deve confundir o significado da palavra ''densidade'', usada normalmente para os materiais compactos, com a expressão *densidade aparente* (''bulk density''), que se aplica a materiais dispersos (pós, fragmentos) ou materiais celulares (cujo volume inclui uma certa porção de ar). A densidade aparente é medida nas mesmas unidades que a absoluta. Quanto maior for a compactação do material, menor será a diferença entre os valores das densidades aparente e absoluta.

### 1.5.2. Estabilidade dimensional

Quando o polímero é altamente cristalino, a sua estabilidade dimensional é também elevada, pela dificuldade de destruição das regiões ordenadas, que resultam da coesão molecular.

A *estabilidade dimensional* é uma importante propriedade para aplicações técnicas, como por exemplo em engrenagens, peças de encaixe, etc. É encontrada em polímeros sem grupos hidroxila ou amina, pois estes grupos favorecem a formação de pontes de hidrogênio e, portanto, a variação nas dimensões da peça, conforme o grau de umidade e de temperatura ambientes. A água absorvida aumenta o volume e o peso da peça, e a sua remoção, por modificação da umidade ou elevação da temperatura, provoca o aparecimento de vazios e microfraturas, que modificam as propriedades do material. Se a cristalização do polímero ocorre muito devagar, acontece paralelamente a compactação da peça moldada, modificando as dimensões originais.

Não há método de uso geral para a determinação dessa característica. Uma indicação útil pode ser obtida através do método ASTM D 756.

## 2. Propriedades químicas

Dentre as *propriedades químicas* mais importantes dos materiais poliméricos, diretamente relacionadas às suas aplicações, estão a resistência à oxidação, ao calor, às radiações ultravioleta, à água, a ácidos e bases, a solventes e a reagentes.

### 2.1. Resistência à oxidação

Uma propriedade bastante procurada nos polímeros é sua *resistência à oxidação*. Esta resistência é mais encontrada nas macromoléculas saturadas (isto é, contendo apenas ligações simples entre átomos de carbono), como a das poliolefinas (polietileno, polipropileno, poliisobutileno). Nos polímeros insaturados (isto é, que apresentam dupla ligação entre átomos de carbono), particularmente nas borrachas, a oxidação pode ocorrer através dessas insaturações, rompendo as cadeias, diminuindo seu tamanho e conseqüentemente, a resistência mecânica do material. A presença de átomos de carbono terciário na cadeia, saturada ou insaturada, baixa a resistência à oxidação.

O ataque químico pelo ar à macromolécula é mais pronunciado em presença de ozônio, que se forma devido a centelhas elétricas, nas imediações de tomadas, etc. Essa propriedade é medida através de ensaio de resistência às intempéries, descrita pelos métodos ASTM D 1870, D 1920, D 1499, D 1435, D 756 e G 23; é medida pela perda em uma determinada característica, geralmente mecânica.

### 2.2. Resistência à degradação térmica

A exposição de polímeros ao calor em presença de ar causa a sua maior degradação, dependendo da estrutura do polímero; envolve reações químicas às vezes bastante complexas. Essas reações são causadas pela formação de radicais livres na molécula, frequentemente com a interveniência do oxigênio, gerando radicais livres pela ruptura das ligações covalentes dos átomos nas cadeias macromoleculares insaturadas, ou nas cadeias contendo átomos de carbono terciário; nestes pontos, há maior facilidade de formação de hidroperóxidos, de rápida decomposição, causando a cisão das ligações covalentes carbono-carbono. Ao lado da alteração nas propriedades, é comum ocorrer também mudança de coloração da peça, por oxidação.

Os polímeros clorados, como o poli(cloreto de vinila) e o poli(cloreto de vinilideno), são muito sensíveis à *degradação térmica* durante o processamento, devido à fácil ruptura das ligações carbono-cloro.

Poliacetal (ou poliformaldeído) é suscetível de decomposição térmica por despolimerização a aldeído fórmico, seu monômero. A resistência ao calor é estimada pelo método ASTM D 794, e medida conforme a propriedade focalizada.

## 2.3. Resistência às radiações ultravioleta

As macromoléculas de estrutura insaturada apresentam baixa *resistência às radiações ultravioleta*, que são absorvidas, gerando facilmente radicais livres, os quais atuam de forma semelhante ao que foi descrito no tópico anterior. Esse fenômeno ocorre na exposição de plásticos à luz solar. Por exemplo, a formação de fissuras e rachaduras, com a fragmentação do polipropileno ou do polietileno de baixa densidade, quando expostos prolongadamente à luz do dia.

Às vezes ocorre modificação das propriedades mecânicas pelo enrijecimento do material, devido à formação de ligações cruzadas. Essa propriedade pode ser observada diretamente, pela exposição ao sol, ou pelo ensaio de resistência à luz ultravioleta (método ASTM D 1148), medindo uma propriedade antes e após a exposição.

## 2.4. Resistência à água

A *resistência à água* em polímeros é avaliada pela absorção de umidade, que aumenta as dimensões da peça, o que prejudica a aplicação em trabalhos de precisão. Além disso, a variação do teor de umidade pode provocar uma rede de microfraturas na superfície dos artefatos, e altera suas propriedades elétricas e mecânicas.

A absorção de água é mais fácil quando a molécula do polímero apresenta grupamentos capazes de formar pontes de hidrogênio. Por exemplo, peças de náilon, de celulose ou de madeira podem absorver umidade, mudando de dimensões. Por outro lado, absorção da água pode aumentar muito o peso do material polimérico a ser adquirido, prejudicando o comprador, além do usuário do artefato. Os produtos que absorvem água exigem secagem prévia antes da moldagem.

Essa sensibilidade à água permite ver o grau de cura de resinas fenólicas; por exemplo, no caso da cura incompleta, os laminados fenólicos em contato com a água incham, mudam de tamanho e sofrem delaminação. Isso pode servir para verificar se as peças estão mal curadas, pelo ensaio de absorção da água descrito nos métodos ASTM E 96 e D 570; o que se mede é a percentagem do aumento de peso da amostra.

## 2.5. Resistência a ácidos

O contato com ácidos em geral, em meio aquoso, pode causar a parcial destruição das moléculas poliméricas, se houver nelas grupamentos sensíveis à reação com ácidos. Por exemplo, as resinas melamínicas e os produtos celulósicos sofrem alteração em meio ácido, mesmo diluído. O método ASTM D 543 descreve a avaliação da *resistência a ácidos* de forma semi-quantitativa. O efeito do meio de imersão pode ser também verificado pela aplicação do método ASTM C 581.

## 2.6. Resistência a bases

As soluções alcalinas (básicas), usualmente aquosas, em maior ou menor concentração, são bastante agressivas a polímeros cuja estrutura apresente certos grupamentos, como carboxila, hidroxila fenólica e éster. Assim, as resinas fenólicas e epoxídicas, bem como os poliésteres insaturados, são facilmente atacados por produtos alcalinos. O ensaio de *resistência a bases* é feito pelos métodos ASTM D 543 e C581.

### 2.7. Resistência a solventes e reagentes

A solubilidade depende fundamentalmente da interação das moléculas do soluto com o solvente. Quando as moléculas do solvente são mais afins com o polímero do que com elas próprias, podem penetrar entre as cadeias macromoleculares, gerando interações de caráter físico-químico. Forças intermoleculares, como pontes de hidrogênio, ligações dipolo-dipolo ou mesmo forças de Van der Waals, permitem a dispersão, a nível molecular, dos polímeros, isto é, a sua dissolução.

Polímeros pouco polares, como os poli-hidrocarbonetos, são mais sensíveis aos solventes do mesmo tipo (isto é, de mesma natureza química), que têm afinidade pelo material e penetram entre as macromoléculas, afastando-as. O mesmo ocorre com polímeros polares, que são sensíveis a solventes polares. Quando as macromoléculas são mais afins com elas próprias do que com a solvente, elas não se dissolvem.

Quando a macromolécula é muito cristalina, os cristalitos dificultam a penetração dos solventes, aumentando a insolubilidade do material. Se o polímero tem estrutura reticulada, adquirida após a cura, a macromolécula torna-se gigantesca e a dispersão molecular é impossível.

Quando a macromolécula apresenta estrutura aromática ou saturada, oferece também resistência a solventes e reagentes.

Assim, com o conhecimento químico, pode-se prever o comportamento dos polímeros diante dos solventes.

A *resistência a solventes e reagentes* é medida pelos ensaios ASTM D 543 e C 581, por observação visual ou variação da propriedade focalizada.

## 2.8. Inflamabilidade

A *inflamabilidade* dos materiais é propriedade muito importante. Quando um polímero orgânico é aquecido, ele vai progressivamente sofrendo modificações, a princípio físicas e depois químicas, terminando por sofrer decomposição total em produtos voláteis.

Esse comportamento é diferente dos materiais clássicos de engenharia. Se o polímero contém aditivos minerais, como caulim e óxido de titânio, a combustão total deixa cinzas, nas quais se encontram aqueles aditivos.

Em materiais de engenharia clássicos, como cerâmicas, vidros e metais, não ocorre essa combustão. No caso de madeiras, que são constituídas de celulose com impregnações de substâncias orgânicas e minerais, a combustão total produz também cinzas. A facilidade de queima é uma desvantagem dos polímeros orgânicos.

Conforme a natureza química do polímero, a decomposição térmica pode ser facilitada ou dificultada. Polímeros de fácil decomposição, como o nitrato de celulose, nem permitem a quantificação da propriedade, pela rapidez da combustão. Os polímeros termorrígidos, como as resinas fenólicas, apresentam maior dificuldade de combustão, e por isso são usados na confecção de peças para uso elétrico.

Quando o polímero apresenta anéis aromáticos e ausência de cadeias parafínicas, há um auto-retardamento da sua inflamabilidade, sem manutenção de chama; forma-se resíduo negro, grafítico, com liberação de pouca fumaça. A existência de grupos éster favorece o desprendimento de $CO_2$ por aquecimento, contribuindo para o auto-retardamento da chama.

Os métodos mais comuns para a avaliação da inflamabilidade de plásticos medem o tempo necessário para a chama percorrer um filme do polímero, sob determinadas condições, através dos métodos ASTM D 2843 e D 568. Outro método bastante usado é aquele proposto por Underwriters Laboratories, sob a designação UL 94 V.

# 3. Propriedades físico-químicas

A permeabilidade a gases e vapores se destaca entre as *propriedades físico-químicas* dos polímeros.

## 3.1. Permeabilidade a gases e vapores

A *permeabilidade* de materiais poliméricos a gases e vapores é uma propriedade importante para sua aplicação em embalagens. É medida pela quantidade do material permeante transferida na unidade de tempo e por unidade de área, através de uma camada de espessura unitária, sendo 1 cmHg a diferença de pressão entre as faces. A quantidade de material pode ser expressa em volume (medido em condições normais de temperatura e pressão) ou em massa.

Os polímeros exibem pequena permeabilidade a gases e vapores, cujo transporte ocorre ou intersticialmente, através de poros permanentes ou transitórios da membrana, ou por um processo de sorção ou dissolução, em um lado da barreira, seguido de difusão através dela e posterior dessorção ou evaporação, no outro lado.

A permeação de moléculas pequenas através de materiais poliméricos se dá nas regiões amorfas, onde as cadeias macromoleculares estão mais afastadas. A presença de domínios cristalinos diminui bastante a permeabilidade. Por exemplo, a borracha butílica (copolímero de isobutileno e isopreno) é mais impermeável a gases, sendo usada em câmaras de ar de pneus. Essa característica é devida à cristalinidade desenvolvida no material quando sujeito à tração.

As *Figuras 20, 21* e *22* dão a permeabilidade dos polímeros mais comuns a nitrogênio, a dióxido de carbono e a vapor dágua, respectivamente. Nota-se a baixa permeabilidade dos plásticos e a alta permeabilidade das borrachas. Deve-se observar a capacidade muito maior de permeação do dióxido de carbono em relação ao nitrogênio.

A permeabilidade é estudada pelos métodos ASTM D 1434 e E 96, e medida em cm²/s·cmHg (em volume) ou em g/cm·s·cmHg.

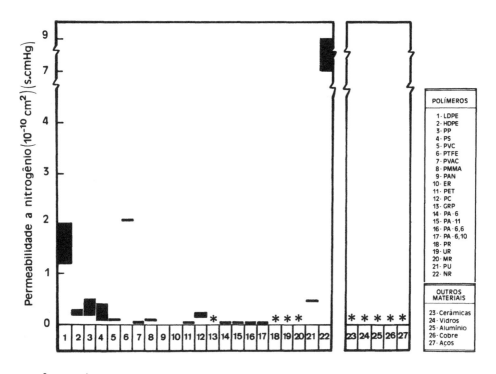

\* Não aplicável

**Figura 20.** ·Permeabilidade a nitrogênio de diversos materiais a 20-30°C

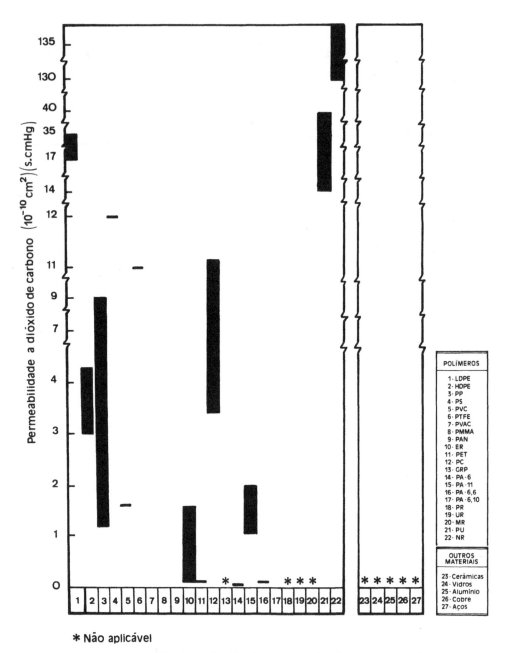

\* Não aplicável

**Figura 21.** Permeabilidade a dióxido de carbono de diversos materiais a 20-30°C

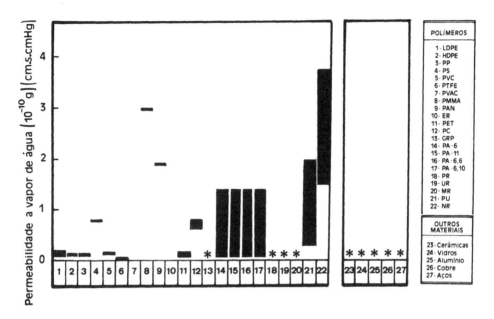

\* Não aplicável

Figura 22. Permeabilidade a vapor dágua de diversos materiais a 20-30°C

## Bibliografia recomendada

— R.M. Ogorkiewicz — "Engineering Properties of Thermoplastics", Wiley-Interscience, London, 1970.
— "Guide to Plastics", Mc-Graw Hill, New York, 1975.
— R.B. Ross — "Metallic Materials Specification Handbook", E. & F.H. Spon, New York, 1980.
— E.W. Flick — "Industrial Synthetic Resins Handbook", Noyes Publications, Park Ridge, N.J., 1985.
— W.J. Roff & J.R. Scott — "Fibres, Films, Plastics and Rubbers", Butterworths, London, 1971.

# Capítulo 3
# MATERIAIS DE ENGENHARIA

O homem encontra à disposição, para seu conforto, uma imensa variedade de materiais que pode ser distribuída em 2 grandes grupos: os materiais inorgânicos e os orgânicos.

Os materiais inorgânicos compõem a maior parte da crosta terrestre. São encontrados em rochas e constituídos de metais e seus derivados, óxidos, hidróxidos, sulfetos, cloretos, silicatos, etc. — isto é, pertencem ao Reino Mineral. Incluem ainda compostos de todos os elementos (com exceção do carbono em substâncias orgânicas). Dentre eles, as cerâmicas e os vidros são importantes materiais empregados em Engenharia.

Os materiais orgânicos compreendem a grande classe dos produtos renováveis, pertencentes aos Reinos Vegetal e Animal. Todos devem conter carbono e hidrogênio, podendo apresentar também em sua composição átomos de oxigênio, nitrogênio, enxofre ou fósforo. Um exemplo desses materiais é a madeira. A eles, a inteligência e a criatividade do homem acrescentou uma ilimitada diversidade de produtos sintéticos, destacando-se os polímeros, cuja característica dominante é apresentarem pesos moleculares grandes, acima de $10^3$. Os polímeros de uso geral mais comuns têm pesos moleculares da ordem de $10^5$, devido a exigências quanto às propriedades mecânicas, cuja correlação ao tamanho molecular é ilustrada na *Figura 23*.

Os materiais de engenharia podem ser distribuídos em 2 grandes divisões: os clássicos, ou convencionais, e os materiais de engenharia não clássicos, ou polímeros sintéticos.

## 1. Materiais de engenharia clássicos

Os principais materiais de engenharia clássicos compreendem as madeiras, as cerâmicas, os vidros e os metais. Serão abordados superficialmente, uma vez que fogem ao escopo deste livro.

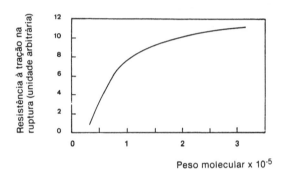

**Figura 23.** Variação da resistência mecânica dos polímeros em função do peso molecular*

### 1.1. Madeiras

As *madeiras* são importantes materiais de engenharia convencionais; constituem também uma imensa riqueza renovável à disposição do homem. Considerando sua aplicação apenas como material de engenharia, pode-se dizer que a madeira é um compósito natural de extrema complexidade, em que os elementos de resistência são representados pelas fibras de *celulose*, e o material aglutinante, pela *lignina*. A *Figura 24* mostra esquematicamente uma microfibrila da madeira.

Celulose e lignina são macromoléculas naturais de estrutura química bastante diferente. A celulose é de natureza polissacarídica e de morfologia fibrilar. Sua grande resistência é devida a fortes

---

* Sem orientação por estiramento.

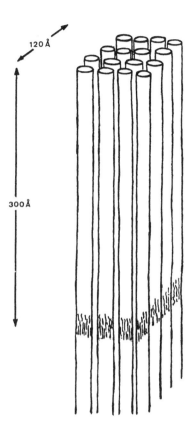

Figura 24. Representação da microfibrila da madeira

interações do tipo ponte de hidrogênio, entre as cadeias macromoleculares (*Figura 25*). A lignina, que se encontra principalmente nas regiões escuras das madeiras, é um material de natureza fenólica, muito reticulado, cuja estrutura química é estudada através dos produtos de decomposição. Um trecho representativo da macromolécula da lignina se encontra na *Figura 26*.

O teor desses constituintes nas madeiras é variável e permite distingüir umas das outras. A celulose se encontra embebida em ou-

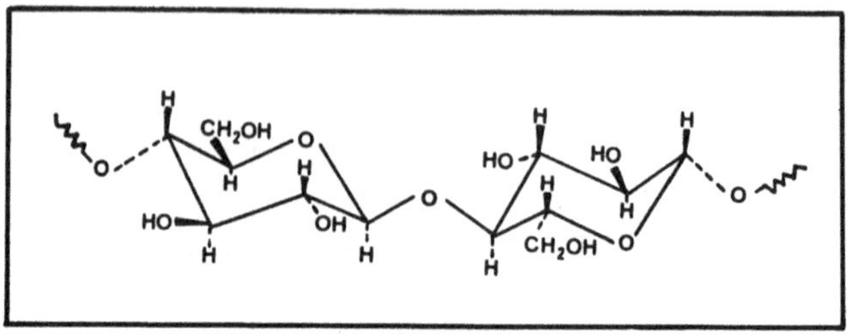

**Figura 25.** Estrutura química da celulose

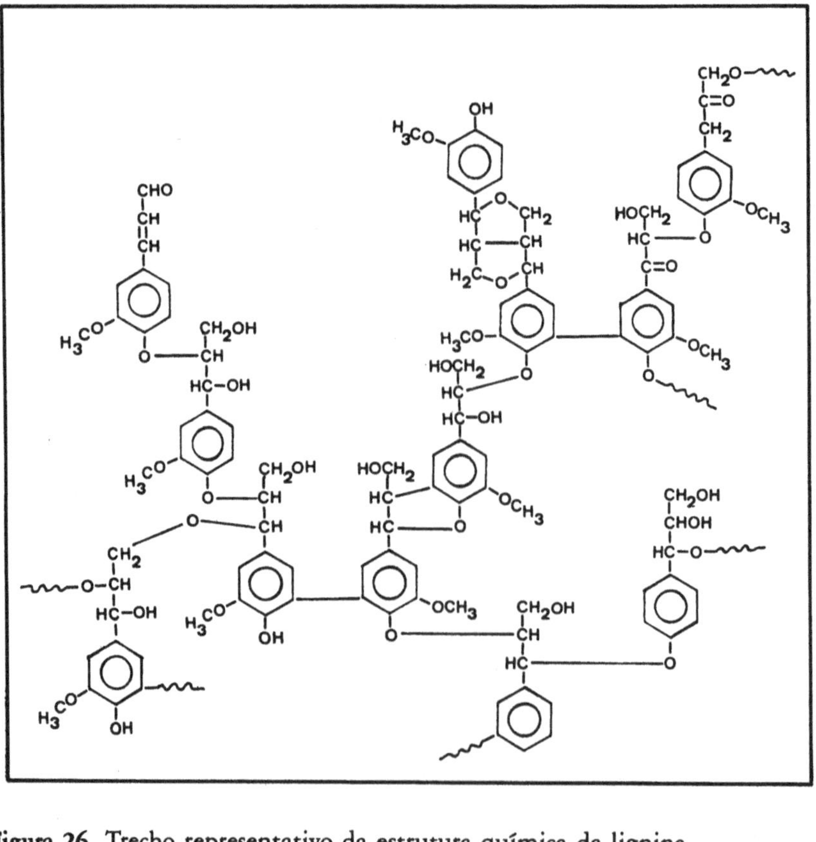

**Figura 26.** Trecho representativo da estrutura química da lignina

tros polissacarídeos, designados genericamente por hemicelulose, além de lignina, breu, proteínas, traços de substâncias minerais e outros componentes, dependendo da espécie botânica focalizada. É comum a divisão das madeiras em duras, como a madeira de jacarandá (mais escura, mais rica em lignina) e macias, como o pinho (mais clara, com pouca lignina).

A indústria madeireira utiliza largamente os resíduos de madeira, tais como lâminas, lascas e partículas, para a fabricação de produtos de madeira reconstituída, tais como vigas laminadas, sarrafeados, laminados, aglomerados e chapas (*Quadro 2*). Nesses produtos, os componentes são respectivamente meias-vigas, blocos, lâminas, partículas e fibras, unidos por resina ureica (quando se trata de uso em interiores) ou fenólica (exteriores); no caso da indústria naval, os compensados estruturais exigem o uso de resinas epoxídicas.

**Quadro 2.** Produtos industriais de madeira reconstituída

| Componentes | Madeira reconstituída | | Aplicações típicas |
|---|---|---|---|
| Tábuas e pranchões | Vigas laminadas | | Construção civil |
| Blocos | Compensados sarrafeados | | Móveis |
| Laminados | Torneados | Compensados de uso comum | Móveis, divisórias, embalagens |
| | | Compensados estruturais | Construção civil |
| | | | Construção naval |
| | Faqueados | | Revestimentos comuns e decorativos |
| Partículas | Aglomerados | | Móveis, divisórias, embalagens |
| Fibras | Chapas | | Divisórias, gavetas |

## 1.2. Cerâmica

As *cerâmicas* são materiais inorgânicos, usados pelo homem desde os tempos pré-históricos. Resultam do aquecimento, a temperaturas elevadas, com ou sem pressão, de mistura de argilas com óxidos de alguns metais. Argilas são silicatos de alumínio hidratados, isto é, contendo principalmente óxidos de silício (sílica, $SiO_2$) e de alumínio (alumina, $Al_2O_3$), além de água e quantidades menores de óxidos de outros metais.

Os silicatos são realmente a base sobre a qual as cerâmicas são estruturadas. A unidade fundamental dos silicatos é um tetraedro (*Figura 27*), com o átomo de silício no centro e 4 átomos de oxigênio nos vértices. Devido aos átomos de oxigênio, esses tetraedros podem apresentar disposições variáveis, que influenciam as pro-

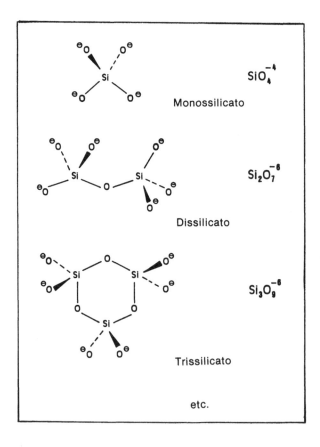

Figura 27. Estrutura química dos silicatos

priedades do material cerâmico obtido. Assim, os minerais argilosos exibem rede cristalina em lâminas ou em fibras, formadas por tetraedros de $SiO_4^{-4}$. Macroscopicamente, são constituídos por partículas de pequenas dimensões, com interstícios entre elas, os quais lhes conferem porosidade e isolamento térmico. Essas características, aliadas à grande resistência a altas temperaturas, permitem o seu uso em peças refratárias, em fornos industriais.

Um material cerâmico pode ser um sólido cristalino, ou vítreo, ou misto. Se seus átomos têm um arranjo ordenado linearmente, fila por fila, camada por camada, em "longas" distâncias (quando comparadas com as distâncias interatômicas), o material apresenta cristalinidade. As cerâmicas cristalinas incluem muitos óxidos simples, tanto isolados como combinados, em misturas monofásicas, primárias, ou polifásicas, isto é, binárias, ternárias, etc.

Cerâmicas monofásicas cristalinas podem ocorrer como monocristais, com uma única orientação cristalográfica. Por exemplo, a safira, que é a forma cristalina do óxido de alumínio ($Al_2O_3$), designada por *alfa*-alumina.

As cerâmicas comuns são caracteristicamente massas policristalinas, com mudanças abruptas ocorrendo na orientação e composição, em cada grão. Há, assim, uma descontinuidade brusca nos arranjos cristalinos de sítios atômicos e no caráter da ligação, e, portanto, nas propriedades da massa cerâmica. Essas regiões fronteiriças são termodinamicamente mais instáveis do que os materiais cristalinos adjacentes a elas. Cada propriedade da cerâmica depende, em algum grau, das quantidades relativas das fases presentes, da respectiva composição e estrutura, da sua disposição espacial, e da forma, dimensão e orientação dos grãos e dos poros. Existe outra descontinuidade na superfície livre das cerâmicas, entre o sólido cerâmico e o ambiente externo. Muitas das propriedades das cerâmicas são sensíveis à superfície.

A estabilidade química em alto grau, encontrada nas cerâmicas, é característica dos óxidos, e também dos nitretos, carbetos, boretos, sulfetos, etc.; estes compostos formam a base de todos os materiais cerâmicos. Em particular, muitos dos óxidos são extremamente estáveis por longos períodos, em condições ambientais comuns, e são resistentes a posterior oxidação, ou redução a subóxidos ou metais. A estabilidade dos compostos cerâmicos é o resultado da estrutura cristalina, da ligação química (iônica, covalente ou mista) e do grande campo de força, associado aos vários cátions, relativamente pequenos e altamente carregados, encontrados nas cerâmicas refratárias. Os óxidos de tório (tória) e ítrio (ítria) são os mais estáveis. Outros, largamente usados pela sua estabilidade química, são: óxido de alumínio (alumina), óxido de magnésio (magnésia) e óxido de zircônio (zircônia). Muitos desses óxidos têm ponto de fusão acima de 1700°C.

Os arfetafos são geralmente produzidos por sinterização de pó, ao invés de resfriamento de líquido. As cerâmicas comuns são materiais porosos, que podem ser vitrificados superficialmente a temperaturas elevadas (700 a 1800°C, ou até temperaturas superiores, para produtos especiais), mantendo interstícios no seu interior.

Quando os átomos metálicos estão ordenados com alguma regularidade, sem apresentar alto grau de ordenação por "longas" distâncias, o material é vítreo; por exemplo, o vidro.

### 1.3. Vidros

Os *vidros* são substâncias inorgânicas consideradas como líquidos super-resfriados; são misturas estáveis, extremamente viscosas, compostas de óxidos metálicos, geralmente de silício, sódio e cálcio, que se comportam como sólidos à temperatura ambiente. Compreendem uma rede com um grau limitado de ordem, sem unidades repetidas regularmente. A estrutura geral é aleatória, amorfa, mesmo quando o vidro está sob a forma de fibra estirada. Muitos autores consideram os vidros como materiais cerâmicos.

A sílica é o principal componente do vidro: é encontrada abundantemente na Natureza, sob a forma de areia. Na sua forma cristalina, 4 átomos de oxigênio se dispõem tetraedricamente em torno de cada átomo de silício, sendo que cada átomo de oxigênio se liga a 2 átomos de silício. Forma-se assim uma estrutura cristalina regular, presente no quartzo, representada esquematicamente na *Figura 28a*. Às vezes, a estrutura é irregular, conforme visualizado na *Figura 28b*.

Os vidros comerciais comuns (vidros alcalinos) são do tipo sílica-cal-soda, com pequena quantidade de alumina, e usados em fras-

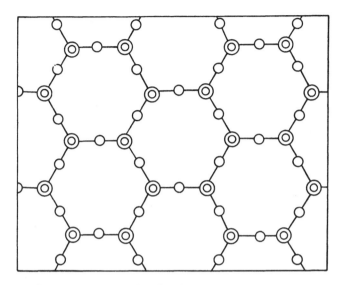

a. Estrutura regular, cristalina (quartzo)

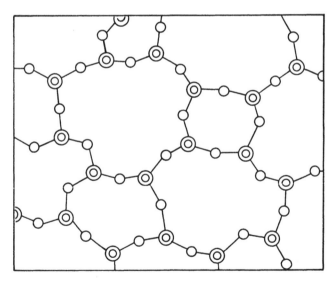

b. Estrutura irregular, não-cristalina

◎ Silício  ○ Oxigênio

**Figura 28.** Estrutura química do dióxido de silício

cos, garrafas e vidros para janela. Amolecem a temperaturas mais baixas que a sílica, pois a continuidade da rede é interrompida pela presença de átomos adicionais de oxigênio e dos vários metais, incorporados como óxidos; por exemplo, chumbo ("cristal"), bário (vidros mais densos, "crown"). A inclusão de alumina eleva a temperatura de amolecimento. Vidros ácidos, de boro-silicato ("Pyrex"), têm mais alta resistência ao calor e a reagentes químicos, e mais baixa expansão térmica do que os vidros comuns; contam com alta proporção de sílica, à qual é adicionado bórax ou ácido bórico (como $B_2O_3$). O "cristal", ou "cristal de chumbo", é usado para peças artísticas de melhor qualidade, ou em aparelhos científicos. O peso molecular dos vidros é indeterminado; a representação esquemática é mostrada na *Figura 29*.

Quimicamente, o "cristal" leve tem 67% de $SiO_2$, 15% de óxido de sódio, óxido de chumbo em quantidade maior que 11%, e pequenas quantidades de óxidos de zinco, alumínio e potássio. O vidro de janela tem 72% de óxido de silício, 14% de óxido de sódio, 10% de óxido de cálcio e pequenas quantidades de óxidos de alumínio, ferro e magnésio. O "Pyrex" tem 80% de óxido de silício, 12% de óxido de boro e pequenas quantidades de outros óxidos.

A cor dos vidros é obtida de 2 maneiras: ou empregando óxidos coloridos, ou metais, sob a forma de partículas coloidais. No primeiro caso, obtêm-se cores dissolvidas, que são causadas pela participação de íons de metais de transição na estrutura molecular, enquanto que, no segundo caso, obtêm-se cores coloidais, resultantes da presença de partículas que espalham a luz de forma variável.

A cor dos vidros é um fenômeno complexo. No caso de cores dissolvidas, depende da natureza e do grau de oxidação dos íons empregados, que sofrem modificação durante a fabricação, devido às altas temperaturas. No caso das cores coloidais, o tamanho das partículas causa variação no comprimento de onda da luz absorvida, e a interação dessas radiações luminosas com o vidro influi na sua cor.

A presença de íons de certos elementos, geralmente metais pesados, confere cores características aos vidros; por exemplo, azul (cobalto), rubi (cádmio, selênio ou cobre), azul-esverdeado ou

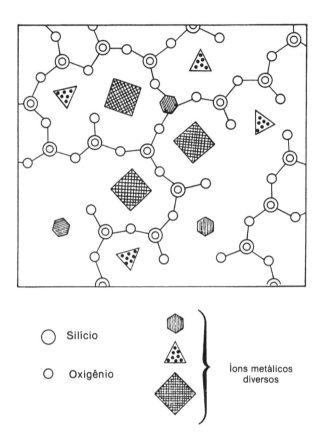

Figura 29. Estrutura química representativa dos vidros

verde-azulado (cobre), verde (ferro). Partículas muito pequenas de ouro dão ao vidro colorações que variam do púrpura ao amarelo, conforme suas dimensões.

A indústria de vidros coloridos é antes uma arte, transmitida de pais para filhos, que a ela vêm se dedicando artesanalmente desde muito tempo. Na Itália, ainda podem ser encontrados alguns exemplos desses artesãos e de suas obras.

## 1.4. Metais

Os *metais*, sob formas diversas, têm sido usados pelo homem desde tempos pré-históricos.

Quando os átomos, em número cada vez maior, se agrupam para formar "grandes" partículas ($10^4 - 10^{24}$ átomos), as propriedades metálicas típicas começam a aparecer. Efeitos como resistência mecânica, brilho, maleabilidade, ductibilidade, condutividade e magnetismo, de intensidades variáveis, passam então a ser observados.

Quando o crescimento dessas partículas cessa espontaneamente, formam-se bordas, cantos, degraus, dobras. Os menores encadeamentos desses átomos têm pesos moleculares na faixa de $10^5 - 10^6$ — que é justamente o máximo encontrado para peso molecular dos polímeros de importância industrial. Pode-se compreender que, se esses encadeamentos atômicos forem ainda maiores, com pesos moleculares da ordem de $10^{26} - 10^{27}$, conduzam a propriedades mecânicas muito mais exaltadas (encontradas nos metais) do que as dos polímeros sintéticos.

As características típicas dos materiais metálicos são:

— Refletem a luz, e por isso têm aspecto brilhante;

— Têm alta condutividade térmica e elétrica, sendo a condutividade elétrica desacompanhada de mudanças químicas detectáveis e diminuindo quando a temperatura aumenta;

— Têm alta densidade, o que indica empacotamento compacto de seus átomos; e

— Apresentam grande resistência mecânica, sendo tanto maleáveis (isto é, podendo ser achatados), quanto dúcteis (quer dizer, transformáveis em fios).

É especialmente importante o fato de a estrutura cristalina dos metais ser preservada sob deformações moderadas. Isto é devido às fortes interações, conhecidas por *ligações metálicas*, que unem os átomos dos metais uns aos outros e são decorrentes do deslocamento de elétrons ao longo desses encadeamentos. Quanto mais próximos estiverem os átomos metálicos, em função da sua estrutura eletrônica, mais fortes serão as interações entre eles, isto é, maior será a resistência do material. Os elétrons são o meio de transmissão, tanto da eletricidade quanto do calor, neste caso através do choque entre eles e os íons da rede cristalina. Um condutor metálico apresenta fluência de elétrons, devido às bandas energéticas incompletamente preenchidas desses metais, que permitem o escoamento de elétrons na direção de um potencial aplicado, deslocando-os para os níveis de energia mais altos não ocupados dentro da banda.

Há três estruturas cristalinas metálicas básicas, denominadas empacotamento compacto cúbico, empacotamento compacto hexagonal e empacotamento cúbico de corpo centrado. Dessas estruturas decorrem muitas das propriedades dos metais.

Em geral, os metais são usados em misturas ou ligas metálicas. Os principais materiais metálicos empregados em engenharia são: ferro, aço, bronze, cobre, alumínio e estanho.

O ferro é o quarto elemento mais abundante na crosta terrestre, sendo ultrapassado apenas por alumínio, silício e oxigênio. A civilização somente começou a se desenvolver quando o homem aprendeu a extraí-lo de seus minérios. É empregado industrialmente sob a forma de ligas, das quais a mais importante é o aço. Algumas dessas ligas se encontram relacionadas no *Quadro 3*.

## 2. Materiais de engenharia poliméricos sintéticos

Além das macromoléculas encontradas na natureza, muitos produtos químicos obtidos por via sintética podem apresentar longas cadeias. Neste caso, são geralmente denominados *polímeros sintéticos*, e dentre eles se encontram importantes materiais de engenharia.

As propriedades dos polímeros dependem bastante dos materiais de partida (isto é, os monômeros), do tipo de reação empregada na sua obtenção e também da técnica de preparação.

Há três tipos gerais de reação pelos quais se pode produzir um polímero: a poliadição, a policondensação e a modificação química de outro polímero. Conforme a natureza química do monômero, o tipo de reação visada e a aplicação desejada para o polímero, varia a técnica de sua preparação (em massa, em solução, em emulsão, em suspensão, interfacial).

Na *poliadição*, os monômeros quase sempre apresentam duplas ligações entre átomos de carbono. Não há formação de subprodu-

**Quadro 3.** Ligas de ferro de importância industrial

| Denominação | | Elemento característico* (%) | | | | | | | Usos típicos |
|---|---|---|---|---|---|---|---|---|---|
| | | C | Cr | Mn | Si | W | Ni | B | |
| | Ferro-níquel | — | — | — | — | — | 45-48 | — | Material magnético e eletrônico |
| Aço | Aço comum | | — | — | — | — | — | — | Placas para navios, molas, mandris, lâminas para agitadores, latas, vasilhames |
| | Aço inoxidável | | 12-20 | — | — | — | — | — | Cutelaria, componentes resistentes à oxidação |
| | Aço-cromo | | 2-4 | — | — | — | — | — | Instrumental abrasivo e cortante, vasos de pressão, reatores, moldes |
| | Aço-manganês | 0,15-0,30 | — | 10-15 | — | — | — | — | Cofres, eixos de rodas, instrumentos de corte |
| | Aço-silício | | — | — | 2-4 | — | — | — | Laminados de uso geral, componentes resistentes a ácidos |
| | Aço-tungstênio | | — | — | — | 10-15 | — | — | Componentes sujeitos a alta rotação |
| | Aço-boro | | — | — | — | — | — | 0,0015 | Laminados duros, estruturas soldadas, tubos com costura |
| | Aço-níquel | | — | — | — | — | 2-9 | — | Uso geral em componentes de alta resistência mecânica, hastes de agitadores, flanges, tubos com ou sem costura |

\* Além do ferro, outros elementos podem estar presentes, em quantidades variáveis.

tos e os pesos moleculares podem atingir valores muito altos, na faixa de $10^5 - 10^6$. Os polímeros de importância industrial obtidos por poliadição estão relacionados no *Quadro 4*.

Na *policondensação*, há formação de subprodutos, que precisam ser removidos do meio reacional. Os pesos moleculares são menores que os pesos dos polímeros obtidos por poliadição, ficando geralmente na ordem de $10^4$. Os polímeros preparados através de reações de policondensação são referidos no *Quadro 5*.

A *modificação de polímeros* resulta de reações químicas sobre polímeros já existentes, sejam eles naturais ou sintéticos. As mudanças no peso molecular, na solubilidade, na resistência mecânica, elétrica, etc., permitem uma diversificação ampla de suas apli-

POLÍMEROS COMO MATERIAIS DE ENGENHARIA

**Quadro 4.** Polímeros industriais resultantes de reações de poliadição

| Polímero | Sigla |
|---|---|
| Polietileno | PE |
| Polipropileno | PP |
| Poli-isobutileno | PIB |
| Poliestireno | PS |
| Polibutadieno | BR |
| Poli-isopreno | IR |
| Copoli(etileno-propileno-dieno) | EPDM |
| Copoli(isobutileno-isopreno) | IIR |
| Copoli(butadieno-estireno) | SBR |
| Poli(cloreto de vinila) | PVC |
| Poli(cloreto de vinilideno) | PVDC |
| Policloropreno | CR |
| Poli(fluoreto de vinilideno) | PVDF |
| Poli(tetraflúor-etileno) | PTFE |
| Poli(acetato de vinila) | PVAC |
| Poli(metacrilato de metila) | PMMA |
| Poliacrilonitrila | PAN |
| Copoli(butadieno-acrilonitrila) | NBR |
| Copoli(estireno-acrilonitrila) | SAN |
| Copoli(estireno-butadieno-acrilonitrila) | ABS |
| Copoli(etileno-acetato de vinila) | EVA |

**Observação:** Nomenclatura aceita pela IUPAC.

cações. No *Quadro 6* estão listados os principais polímeros resultantes da modificação de outros polímeros.

Os polímeros industriais obtidos através dessas rotas sintéticas podem ser utilizados como materiais de engenharia, tanto individualmente quanto em sistemas mistos, mais complexos.

No primeiro caso, isto é, os sistemas poliméricos simples, os polímeros são em geral aditivados com pequenas quantidades de in-

**Quadro 5.** Polímeros industriais resultantes de reações de policondensação

| Polímero | Sigla |
|---|---|
| Poli(glicol etilênico) | PEG |
| Poli(óxido de fenileno) | PPO |
| Poli(éter-éter-cetona) | PEEK |
| Resina epoxídica | ER |
| Poli(dimetil-siloxano) | PDMS |
| Poli(tereftalato de etileno) | PET |
| Poli(tereftalato de butileno) | PBT |
| Policarbonato | PC |
| Poli(ftalato-maleato de etileno)* | PEPM |
| Poliamida-6 | PA-6 |
| Poliamida-11 | PA-11 |
| Poliamida-66 | PA-66 |
| Poliamida-610 | PA-610 |
| Poli(fenileno-tereftalamida)** | PPTA |
| Polibenzimidazol | PBI |
| Poli(amida-imida) | PAI |
| Poli(éter-imida) | PEI |
| Poli-imida | PI |
| Poli(sulfeto de fenileno) | PPS |
| Poli(aril-sulfona) | PAS |
| Poli(éter-sulfona) | PES |
| Resina de fenol-formaldeído | PR |
| Resina de uréia-formaldeído | UR |
| Resina de melamina-formaldeído | MR |
| Poli(óxido de metileno)*** | POM |
| Poliuretano | PU |

\* Poliéster insaturado
\*\* Poliamida aromática
\*\*\* Poliacetal
**Observação:** Nomenclatura aceita pela IUPAC.

**Quadro 6.** Polímeros industriais resultantes de modificação química de outros polímeros

| Polímero | Sigla |
|---|---|
| Nitrato de celulose | CN |
| Acetato de celulose | CAC |
| Metil-celulose | MC |
| Hidroxi-etil-celulose | HEC |
| Carboxi-metil-celulose | CMC |
| Poli(álcool vinílico) | PVAL |
| Copoli(isobutileno-isopreno) clorado | CIIR |
| Polietileno clorado | CPE |
| Polietileno cloro-sulfonado | CSPE |
| Poli(cloreto de vinila) clorado | CPVC |

**Observação:** Nomenclatura aceita pela IUPAC.

gredientes específicos, que lhes conferem características, como cor, flexibilidade, resistência mecânica, resistência às intempéries, etc., adequadas ao artefato que se pretende fabricar. Esses aditivos são, por exemplo, os corantes, os pigmentos, os plastificantes, as cargas, os estabilizadores, os antioxidantes e os agentes de reticulação.

No segundo caso, os sistemas poliméricos mistos, contendo quantidades substanciais de cada componente, podem ser distribuídos em 2 grupos: aqueles que se apresentam como misturas miscíveis de diferentes polímeros, molecularmente homogêneas, que são também denominadas *ligas poliméricas* (''polymer alloys''), em analogia às ligas metálicas, e aqueles que compõem misturas imiscíveis, macroscopicamente heterogêneas, que são genericamente denominados *misturas poliméricas* (''polymer blends'').

## 2.1. Sistemas poliméricos simples

Os sistemas poliméricos simples encontrados nos materiais de engenharia sintéticos são essencialmente constituídos pelos polímeros já relacionados nos *Quadros 4, 5 e 6*. Podem ser divididos de diversas maneiras.

Quanto ao seu comportamento ao calor, podem se apresentar como *termoplásticos* ou *termorrígidos*, conforme já foi referido anteriormente. Quanto à sua resistência mecânica, é comum agrupá-los em *borrachas* ou *elastômeros*, *plásticos* e *fibras*. Quanto à escala de fabricação, é freqüente encontrar-se as expressões *plásticos de comodidade* ("commodities"), que representam a maior parte da produção total de plásticos no mundo, compreendendo polietileno, polipropileno, poliestireno, etc., e *plásticos de especialidade* ("specialities"), como por exemplo o poli(óxido de metileno), o poli(cloreto de vinilideno), etc.

Do ponto de vista de aplicação, os plásticos podem ser distribuídos em 2 grandes grupos: *plásticos de uso geral* e *plásticos de engenharia* (*Quadro 7*). Os plásticos de uso geral, por sua vez, podem ser distribuídos em termoplásticos e termorrígidos. Com o objetivo de complementar este livro, informações também são apresentadas sobre esses polímeros. São termoplásticos o polietileno (*Quadro 8*), o polipropileno (*Quadro 9*), o poliestireno (*Quadro 10*), o poli(cloreto de vinila) (*Quadro 11*), o poli(acetato de vinila) (*Quadro 12*), a poli(acrilonitrila) (*Quadro 13*), o poli(cloreto de vinilideno) (*Quadro 14*), e o poli(metacrilato de metila) (*Quadro 15*). São termorrígidos a resina fenólica (*Quadro 16*), a resina ureica (*Quadro 17*), a resina melamínica (*Quadro 18*), a resina epoxídica (*Quadro 19*), o poliéster insaturado (*Quadro 20*); os poliuretanos, por sua vez, tanto podem ser termoplásticos quanto termorrígidos (*Quadro 21*). Os plásticos de engenharia serão abordados com mais detalhe nos itens subsequentes.

A importância dos materiais poliméricos sintéticos na indústria pode ser bem compreendida pelo volume de sua produção anual que, no Brasil, em 1988, atingiu cerca de 3 milhões de toneladas (*Quadro 22*). Por outro lado, para os termoplásticos, que representam 2/3 da produção nacional, o consumo anual nos países mais adiantados é da ordem de 50 kg *per capita*, enquanto que no Brasil não ultrapassa 10 kg — dados relativos ao ano de 1987 (*Quadro 23*).

# Quadro 7. Classificação dos plásticos quanto à sua aplicação

| Aplicação | Grupo | Principais plásticos | Sigla |
|---|---|---|---|
| Geral | Termoplástico | Polietileno | PE |
| | | Polipropileno | PP |
| | | Poliestireno | PS |
| | | Poliestireno de alto impacto | HIPS |
| | | Copoli(estireno-acrilonitrila) | SAN |
| | | Copoli(acrilonitrila-butadieno-estireno) | ABS |
| | | Copoli(etileno-acetato de vinila) | EVA |
| | | Poli(cloreto de vinila) | PVC |
| | | Poli(acetato de vinila) | PVAC |
| | | Poli(acrilonitrila) | PAN |
| | | Poli(cloreto de vinilideno) | PVDC |
| | | Poli(metacrilato de metila) | PMMA |
| | Termorrígido | Resina epoxídica | ER |
| | | Resina de fenol-formaldeído | PR |
| | | Resina de uréia-formaldeído | UR |
| | | Resina de melamina-formaldeído | MR |
| | | Poliuretanos* | PU |
| Engenharia | Uso geral | Polietileno de altíssimo peso molecular | UHMWPE |
| | | Poli(óxido de metileno) | POM |
| | | Poli(tereftalato de etileno) | PET |
| | | Poli(tereftalato de butileno) | PBT |
| | | Policarbonato | PC |
| | | Poliamidas alifáticas | PA |
| | | Poli(óxido de fenileno) | PPO |
| | | Poli(fluoreto de viilideno) | PVDF |
| | Uso especial | Poli(tetraflúor-etileno) | PTFE |
| | | Poliarilatos | PAR |
| | | Poliésteres líquido-cristalinos | LCP |
| | | Poliamidas aromáticas | PA |
| | | Poli-imidas | PI |
| | | Poli(amida-imida) | PAI |
| | | Poli(éter-imida) | PEI |
| | | Poli(éter-cetona) | PEK |
| | | Poli(éter-éter-cetona) | PEEK |
| | | Poli(éter-sulfona) | PES |
| | | Poli(aril-sulfona) | PAS |
| | | Poli(sulfeto de fenileno) | PPS |

* Também podem ser termoplásticos.

**Quadro 8**. Polietileno

**Abreviação:** PE

**Outras denominações:**

HDPE (PEAD), polietileno linear, polietileno de alta densidade, polietileno de baixa pressão.

LDPE (PEBD), polietileno ramificado, polietileno de baixa densidade, polietileno de alta pressão.

UHMWPE (PEUAPM), polietileno de ultra-alto peso molecular, polietileno de altíssimo peso molecular.

| Monômero: $H_2C=CH_2$ etileno | Polímero: $\left[-CH_2-CH_2-\right]_n$ |
| --- | --- |

HDPE — Peso molecular, 200.000
Densidade, 0,94-0,97
Índice de refração, 1,54
$T_m$, 130-135°C; $T_g$, $-100 - -125$°C
Cristalinidade, até 95%
Termoplástico, branco, opaco.

LDPE — Peso molecular, 50.000
Densidade, 0,92-0,94
Índice de refração, 1,51-1,52
$T_m$, 109-125°C; $T_g$, $-20 - -30$°C
Cristalinidade, até 60%
Termoplástico, branco, translúcido a opaco.

UHMWPE — Peso molecular, 3.000.000-6.000.000
Densidade, 0,93-0,94
$T_m$, 135°C; $T_g$, $-100 - -125$°C
Cristalinidade, 45%
Termoplástico, branco, opaco.

**Propriedades marcantes:**

Alta resistência química e a solventes; menor custo. No UHMWPE, alta resistência ao desgaste, baixo coeficiente de fricção, fisiologicamente inerte.

**Aplicações típicas:**

HDPE — Contentores, bombonas, fitas para lacre de embalagens, material hospitalar.

LDPE — Recipientes para embalagem de produtos alimentícios, farmacêuticos e químicos; filmes para embalagem em geral; utensílios domésticos, brinquedos, lençóis para usos agrícolas.

POLÍMEROS COMO MATERIAIS DE ENGENHARIA

UHMWPE — Placas de revestimento de máquinas para a indústria de alimentos e de mineração; componentes de bombas para líquidos corrosivos; engrenagens; revestimento de pistas e pisos para esporte e linhas de montagem de automóveis; em medicina, como implantes, ossos artificiais; cepos para corte de carne.

**Produtos mais conhecidos:**

| Tipo | Nome comercial | Fabricante |
|---|---|---|
| HDPE | Alathon<br>Dowlex<br>Eltex<br>Eltex<br>Fortiflex<br>Grex<br>Hi-Fax<br>Hostalen<br>Marlex<br>Novatec<br>Petrothene<br>Polisul<br>Rexene<br>Sumikathene<br>Super Dylon<br>Vestolen<br>Yukalon | Dupont<br>Dow<br>Soltex<br>Solvay*<br>Soltex<br>Allied<br>Hercules<br>Hoechst<br>Philips<br>Polialden*<br>USI<br>Polisul*<br>El Paso<br>Sumitomo<br>Arco<br>Huels<br>Mitsubishi |
| LDPE | Alathon<br>Evatate<br>Natene<br>Norchem NPE<br>Petrothene<br>Petrothene<br>Politeno<br>Suprel<br>Ultrathene<br>Dynd | DuPont<br>Sumitomo<br>Rhône-Poulenc<br>Enron<br>USI<br>Poliolefinas*<br>Politeno*<br>Allied<br>USI<br>Union Carbide* |
| UHMWPE | Hostalen Gur<br>1900 UHMWPE<br>Sunfine<br>Utec | Hoechst<br>Himont<br>Ashai<br>Polialden* |

\* No Brasil.

**Copolímeros industriais do etileno:**

— Copolímeros de etileno e acetato de vinila (EVA).

# Quadro 9. Polipropileno

**Abreviação:** PP

**Outra denominação:** Polipropeno.

Monômero: propileno — Polímero: $\left[\begin{array}{cc} H & CH_3 \\ C & C \\ H & H \end{array}\right]_n$

**Características do polímero:**
Peso molecular, 80.000-500.000
Densidade, 0,90
Índice de refração, 1,49
$T_m$, 165-175°C; $T_g$, 4-12°C
Cristalinidade, 60-70%
Termoplástico, branco, opaco.

**Propriedades marcantes:**
Alta resistência química e a solventes; menor custo.

**Aplicações típicas:**
Parachoques de carros; carcaças de eletrodomésticos; recipientes; fitas para lacre de embalagens; brinquedos; sacaria; carpetes; tubos para carga de caneta esferográfica; bocal de pistolas para aplicação de aerossóis; material hospitalar, seringas de injeção descartáveis.

**Produtos mais conhecidos:**

| Nome comercial | Fabricante | Nome comercial | Fabricante |
|---|---|---|---|
| Bapolene | Bamberger | Olemer | Amoco |
| Bicor | Mobil | Oppalyte | Mobil |
| Bras-Fax | PPH* | Pro-Fax | Himont |
| Marlex | Philips | Prolen | Polibrasil* |
| Moplen | Sumitomo | Propafilm | ICI |
| MWB | Hercules | Propathene | ICI |
| Noblen | Sumitomo | Rexene | El Paso |
| Norchem NPP | Enron | SB | Hercules |
| Novolen | BASF | Vestolen AP | Huels |

* No Brasil.

**Quadro 10.** Poliestireno

**Abreviação:** PS

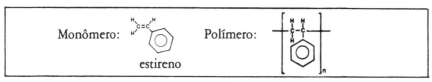

**Características do polímero:**
Peso molecular, 300.000
Densidade, 1,05-1,06
Índice de refração, 1,59
$T_m$, 235°C; $T_g$, 100°C
Cristalinidade, muito baixa
Termoplástico, incolor, transparente.

**Propriedades marcantes:**
Rigidez; semelhança ao vidro; alta resistência química; baixa resistência a solventes orgânicos; baixa resistência às intempéries; menor custo.

**Aplicações típicas:**
Utensílios domésticos rígidos, transparentes ou não, de uso generalizado; brinquedos; escovas; embalagens rígidas para cosméticos. Sob a forma celular, no isolamento ao frio, na embalagem de equipamentos, em pranchas flutuadoras.

**Produtos mais conhecidos:**

| Nome comercial | Fabricante | Nome comercial | Fabricante |
|---|---|---|---|
| Dylene | Arco | Polystyrol | BASF |
| EDN | EDN* | Plystyrol | BASF do Brasil* |
| Esbrite | Sumitomo | Proquigel | Proquigel* |
| Lustrex | Monsanto | Styron | Dow |
| Lustrex | Monsanto do Brasil* | Superflo | Hammond |
| NAS | Richardson | | |

* No Brasil.

**Copolímeros industriais do estireno:**
— Copolímeros de estireno e butadieno (HIPS)
— Copolímero de estireno e acrilonitrila (SAN)
— Copolímero de estireno, acrilonitrila e butadieno (ABS)
— Copolímero de estireno, butadieno e metacrilato de metila (MBS)
— Copolímero de estireno, butadieno, acrilonitrila e acrilato de alquila (ASA).

**Quadro 11 - Poli(cloreto de vinila)**

**Abreviação:** PVC

**Outra denominação:** Plástico vinílico.

| Monômero: $H_2C=CHCl$ cloreto de vinila | Polímero: $-\left[CH_2-CHCl\right]_n-$ |

**Características do polímero:**

Peso molecular, 50.000-100.000
Densidade, 1,39
Índice de refração, 1,53-1,56
$T_m$, 273°C; $T_g$, 81°C
Cristalinidade, 5-15%
Termoplástico, incolor, transparente.

**Propriedades marcantes:**

Alta resistência à chama; formação de peças tanto rígidas quanto muito flexíveis, com plastificante; semelhança a couro; menor custo.

**Aplicações típicas:**

Forração de poltronas e de estofamentos de automóveis; separadores de bateria; revestimento de fios e cabos elétricos; tubos rígidos para água e esgoto; tubos flexíveis para água; esquadrias para janelas; embalagens rígidas e transparentes para bebidas e alimentos; toalhas de mesa; cortinas de chuveiro; bolsas e roupas de couro artificial; passadeiras; pisos; carteiras transparentes para identificação; bolsas; bonecas; sapatos.

**Produtos mais conhecidos:**

| Nome comercial | Fabricante | Nome comercial | Fabricante |
|---|---|---|---|
| Brasivil | Brasivil* | Rucoblend | Occidental |
| Dacovin | Diamond Shamrock | Rucodur | Occidental |
| Geon | Goodrich | Rucon | Occidental |
| Krystaltite | Allied | Solvic | Solvay do Brasil* |
| Norvic | C.P. Camaçari* | Sta-Flow | Air |
| Oxyblend | Occidental | Staufen | ICI |
| Pliovic | Goodyear | Vestolit | Huels |
| Reynolon | Reynolds | Vinoflex | BASF |

* No Brasil.

**Copolímeros industriais do cloreto de vinila:**

— Copolímero de vinila e acetato de vinila.

# POLÍMEROS COMO MATERIAIS DE ENGENHARIA

**Quadro 12.** Poli(acetato de vinila)

**Abreviação:** PVAC

**Outras denominações:** PVAc, PVA.

Monômero:

acetato de vinila

Polímero:

Características do polímero:

Peso molecular, 5.000-500.000
Densidade, 1,18
Índice de refração, 1,46-1,47
$T_m$, —; $T_g$, 28°C
Cristalinidade, muito baixa.
Termoplástico, incolor, transparente.

**Propriedades marcantes:**

Adesividade.

**Aplicações típicas:**

Tintas de parede, adesivos para papel, adesivos fundidos ("hot melt").

**Produtos mais conhecidos:**

| Nome comercial | Fabricante |
|---|---|
| Daratak | Grace |
| Elvacet | Eletrocloro* |
| Gelva | Monsanto |
| Mowilith | Hoechst |
| Rhodopas | Rhodia* |
| Vinac | Air |
| Vinamul | Unilever |

* No Brasil.

**Quadro 13.** Poliacrilonitrila

**Abreviação:** PAN

**Outras denominações:** Fibra acrílica (acima de 85% de acrilonitrila), fibra modacrílica (acrílica modificada contendo abaixo de 85% de acrilonitrila).

Monômero: acrilonitrila

Polímero:

**Características do polímero:**

Peso molecular, 50.000-100.000
Densidade, 1,18
Índice de refração, 1,51-1,52
$T_m$, 317°C; $T_g$, 105°C
Cristalinidade, baixa; parcialmente cristalino após estiramento
Termoplástico, amarelado, transparente.

**Propriedades marcantes:**

Alta resistência a solventes, alta resistência à tração após estiramento, baixa estabilidade térmica.

**Aplicações típicas:**

Fibras têxteis macias e leves como a lã; precursor para a fabricação de fibras de carbono.

**Produtos mais conhecidos:**

| Nome comercial | Fabricante | Nome comercial | Fabricante |
|---|---|---|---|
| Acribel | UCB | Dralon | Bayer |
| Acrilan | Monsanto | Leacril | Applicazioni Chimiche |
| Beslan | Toho | Nitron | Chimiekombinat |
| Cashmilon | Hissa Argentina | | Savatow |
| Courtelle | Courtaulds | Orlon | DuPont |
| Creslan | Cyanamid | Soltan | Soltex |
| Crylor | Rhodia* | Takryl | Stockholms-Superfosfat |
| Dolan | Süddeutsche | Vonnel | Mitsubishi |
| | Chemiefaser | Zefran | Dow-Badische |

\* No Brasil.

**Quadro 14.** Poli(cloreto de vinilideno)

**Abreviação:** PVDC

Monômero: $CH_2=CCl_2$ (estrutura) cloreto de vinilideno

Polímero: $-[CH_2-CCl_2]_n-$

**Características do polímero:**

Geralmente copolímero com cloreto de vinila
Peso molecular, 20.000-200.000
Densidade, 1,67-1,71
Índice de refração, 1,60-1,63
$T_m$, 210°C; $T_g$, − 17.− 18°C
Cristalinidade, muito alta
Termoplástico, incolor, translúcido a transparente.

**Propriedades marcantes:**

Excelente impermeabilidade a gases e vapores, inclusive aromas; grande resistência química e baixa inflamabilidade.

**Aplicações típicas:**

Filmes para embalagem de alimentos.

**Produtos mais conhecidos:**

| Nome comercial | Fabricante |
| --- | --- |
| Saran | Dow |

**Quadro 15.** Poli(metacrilato de metila)

**Abreviação:** PMMA

**Outra denominação:** Plástico acrílico.

Monômero:

metacrilato de metila

Polímero:

**Características do polímero:**

Peso molecular, 500.000-1.000.000
Densidade, 1,18
Índice de refração, 1,49
$T_m$, 160°C; $T_g$, 105°C
Cristalinidade, muito baixa
Termoplástico, incolor, transparente.

**Propriedades marcantes:**

Semelhança ao vidro, boa resistência química, alta resistência às intempéries, resistência ao impacto, transparência, capacidade de refletir a luz.

**Aplicações típicas:**

Placas de sinalização de tráfego em estradas, calotas e janelas de aviões, lanternas de carros, protetores de chuva em janelas de carros, letreiros de casas comerciais, redomas de instrumentos, luminárias, placas transparentes para tetos, lentes de grandes dimensões para retroprojetores, decorações de vitrines de lojas comerciais, painéis, fibras óticas.

**Produtos mais conhecidos:**

| Nome comercial | Fabricante | Nome comercial | Fabricante |
|---|---|---|---|
| Acrigel | C.P. Bahia* | Lucite | DuPont |
| Acrylite | Cyro | Perspex | ICI |
| Acryloid | Rohm & Haas* | Plexiglas | Rohm & Haas |
| Acrysteel | Aristech | Resacril | Resana* |
| Diacon | ICI | Sumipex | Sumitomo* |
| Implex | Rohm & Haas | | |

\* No Brasil.

## Quadro 16. Resina de fenol-formaldeído

**Abreviação:** PR

**Outras denominações:** Resina fenólica, fórmica, baquelite.

Monômeros:

Polímero (reticulado).

fenol

aldeído fórmico

**Características do polímero:**

Peso molecular, imensurável (insolúvel)
Densidade, 1,36-1,46 (com carga celulósica)
Termorrígido, acastanhado, opaco.

**Propriedades marcantes:**

Alta resistência mecânica e térmica, boa resistência química; estabilidade dimensional. Coloração limitada. Menor custo.

**Aplicações típicas:**

Engrenagens; pastilhas de freio, componentes do sistema de transmissão de carros; compensado naval; peças elétricas moldadas; laminados para revestimento de mesas, balcões, divisórias, portas; tampas de rosca resistentes.

**Produtos mais conhecidos:**

| Nome comercial | Fabricante | Nome comercial | Fabricante |
|---|---|---|---|
| Alphaset | Alba* | Cacodur | Alba* |
| Amberlac | Resana* | Cascophen | Alba* |
| Amberlite | Rohm & Haas | Celeron | Q.I. Laminados* |
| Bakelite | Bakelit | Formica | Formica* |
| Bakelite | Union Carbide* | Formiplac | Q.I. Laminados* |
| Beckacite | Resana* | Resamite | Resana* |
| Beckacite | Reichhold | Resaphen | Resana* |
| Beckophen | Reichhold | Thor | Alba* |
| Betaset | Alba* | | |

\* No Brasil.

**Quadro 17.** Resina de uréia-formaldeído

**Abreviação:** UR

**Outras denominações:** Resina ureica, resina aminada.

| Monômeros | uréia / aldeído fórmico |
|---|---|
| Polímero (reticulado) | |

**Características do polímero:**
 Peso molecular, imensurável (insolúvel)
 Densidade, 1,50 (com carga celulósica)
 Termorrígido, branco, opaco.

**Propriedades marcantes:**
 Boa resistência mecânica e térmica, boa resistência química, dureza; menor custo.

**Aplicações típicas:**
 Chapas de compensado para móveis, divisórias; acabamento de tecidos; vernizes para revestimento de soalho; adesivos para madeira; moldados duros e resistentes à compressão e ao impacto.

**Produtos mais conhecidos:**

| Nome comercial | Fabricante |
|---|---|
| Beetle | A. Cyanamid |
| Cascamite UF | Alba* |
| Pollopas | Kuhlmann |
| Pollopas | Ambalite* |
| Sinteko | Madepan* |

 * No Brasil.

POLÍMEROS COMO MATERIAIS DE ENGENHARIA

**Quadro 18.** Resina de melamina-formaldeído

**Abreviação:** MR

**Outras denominações:** Resina melamínica, resina aminada.

| Monômeros | Polímero (reticulado) |
|---|---|
| melamina / aldeído fórmico | |

**Características do polímero (reticulado):**
Peso molecular, imensurável (insolúvel)
Densidade, 1,50
Termorrígido, branco, opaco.

**Propriedades marcantes:**
Alta resistência mecânica, térmica e química; boa estabilidade dimensional; elevada dureza, boa resistência ao risco e à abrasão.

**Aplicações típicas:**
Peças moldadas duras e resistentes ao risco e ao impacto, em substituição à louça; camada decorativa dos laminados fenólicos; vernizes, adesivos.

**Produtos mais conhecidos:**

| Nome comercial | Fabricante |
|---|---|
| Cymel | A. Cyanamid |
| Melchrome | — |

**Quadro 19.** Resina epoxídica

**Abreviação:** ER

**Outras denominações:** Resina oxirânica, epoxi.

| Monômeros | epicloridrina | 4,4'-difenilol-propano |
|---|---|---|
| Polímero | | |

**Características do polímero (reticulado):**
Peso molecular, imensurável (insolúvel)
Densidade, 1,15-1,20
Termorrígido, amarelado, translúcido.

**Propriedades marcantes:**
Adesividade, resistência à abrasão, baixa contração após cura.

**Aplicações típicas:**

Compósitos com fibra de vidro, de carbono ou de poliamida aromática, para a indústria aeronáutica; componentes de equipamentos elétricos; circuitos impressos; encapsulamento de componentes eletrônicos; revestimento de superfícies; adesivos para metal, cerâmica, vidro; moldes e matrizes para ferramentas industriais, manequins de bocas e ossaturas.

**Produtos mais conhecidos:**

| Nome comercial | Fabricante | Nome comercial | Fabricante |
|---|---|---|---|
| Araldite | CIBA-Geigy* | Epikote | CIBA-Geigy |
| Aracast | CIBA-Geigy | Epi-Rez | Inter-Rez |
| DEN | Dow | Epon | Shell |
| DER | Dow | Epotuf | Reichhold |
| Durepoxi | CIBA-Geigy* | Epoxylite | CIBA-Geigy |

* No Brasil.

POLÍMEROS COMO MATERIAIS DE ENGENHARIA

**Quadro 20.** Poli(ftalato-maleato de propileno) estirenizado

**Abreviação:** PPPM

**Outras denominações:** Poliéster insaturado; quando reforçado com fibra de vidro, GRP ("glass reinforced polyester") ou FRP ("fiberglass reinforced polyester").

| Monômeros | anidrido ftálico    anidrido maleico    glicol propilênico |
|---|---|
| Polímero (reticulado) | |

**Características do polímero\* :**

Peso molecular, imensurável (reticulado)
Densidade, 1,25
Termorrígido, amarelado, translúcido.

**Propriedades marcantes:**

Resistência a intempéries. Em compósitos com fibra de vidro, grande facilidade de processamento, na moldagem de peças de pequenas ou grandes dimensões.

**Aplicações típicas:**

Cascos de barco, carrocerias de carro esportivo, luminárias decorativas, telhas corrugadas, tanques, piscinas, móveis; silos, tubos para esgoto industrial, painéis, bandejas.

**Produtos mais conhecidos:**

| Nome comercial | Fabricante | Nome comercial | Fabricante |
|---|---|---|---|
| Alpolit Crystic Polylite | Hoechst do Brasil\*\* Alba\*\* Resana\*\* | Resapol Tecgel | Resana\*\* Tecglás\*\* |

\* Outros monômeros, especialmente o glicol etilênico, são também empregados, conforme a aplicação.
\* No Brasil.

# Quadro 21. Poliuretanos

**Abreviação:** PU

**Outras denominações:** PUR, TPU.

| Monômero* | $O=C=N-R-N=C=O$ diisocianato | $HO-R'-OH$ diol |
|---|---|---|
| Polímero** | $-R-$ | |

* Dióis do tipo éster são também usados.
** Conforme a funcionalidade dos monômeros e o emprego, ou não, de agentes de cura, o polímero poderá ser termoplástico ou termorrígido.

**Características do polímero:**

Peso molecular, variável
Densidade, 1,20-1,30; quando celular, até 0,01
Termoplástico, ou termorrígido, amarelado, translúcido.

**Propriedades marcantes:**

Excepcional resistência à abrasão. Facilidade de fabricação de peças de grandes dimensões e formas; menor custo de processamento.

**Aplicações típicas:**

Como termoplástico, em gachetas; diafragmas; peças flexíveis e resistentes à abrasão, para uso em mineração, como peneiras, conexões, anéis de vedação; juntas para trilho: parachoques de carro; correias transportadoras; solados e saltos de calçado; rodas de "skate"; vernizes para carro, móveis e soalho; fibras. Como espumas flexíveis, para estofamento de móveis e veículos; estrutura de bolsas; confecção de roupas; revestimento de tapetes; painéis de proteção contra choques. Como espumas rígidas ou semi-rígidas, em moldura de quadros e espelhos; parte decorativa de móveis.

POLÍMEROS COMO MATERIAIS DE ENGENHARIA

**Produtos mais conhecidos:**

| Nome comercial | Fabricante |
|---|---|
| Adiprene | DuPont |
| Baybond XW | Mobay |
| Biothane | Caschem |
| Conathane / Conacure | Conap |
| Duroprene | Cofade* |
| Estane | Goodrich |
| Impranil | Bayer |
| Lamal | Morton |
| Lexorez | Inolex |
| Lycra | DuPont |
| Q-Thane | K.J. Quinn |
| Resavur | Resana* |
| Tuftane | Lord |
| Uralite | Hexcel |
| Vorite / Polycin | Caschem |
| Vulkolane | K.J. Quinn |

* No Brasil.

**Quadro 22.** Produção de polímeros sintéticos no Brasil*

| Polímero | Produção no Brasil (ton/ano) |
|---|---|
| Termoplásticos | 2.000.000 |
| Termorrígidos | 400.000 |
| Fibras | 300.000 |
| Elastômeros | 300.000 |
| Total | 3.000.000 |

* Em 1988.

**Quadro 23.** Consumo mundial *per capita* de termoplásticos*

| País | Consumo anual (kg/habitante) |
|---|---|
| EUA | 60 |
| Europa | 44 |
| Japão | 43 |
| Brasil | 10 |

* Em 1987.

## 2.1.1. Plásticos de engenharia de uso geral

Os plásticos de engenharia de uso geral são conhecidos há algum tempo; alguns já são produzidos em larga escala há mais de 20 anos. O primeiro desses materiais, anunciado pela DuPont em 1958, foi o poliacetal, ou polioximetileno, cujas características excepcionais para certas aplicações até hoje não foram superadas.

Os plásticos de engenharia apresentam módulo elástico elevado a temperaturas relativamente altas, com ampla oportunidade de substituição dos materiais tradicionais, pelos seguintes motivos: peso reduzido, comparado a cerâmicas e metais; facilidade de fabricação e processamento; eliminação de tratamento anti-corrosivo; alta resistência ao impacto; bom isolamento elétrico; menor custo energético de fabricação e transformação; e custo de acabamento reduzido.

Os principais plásticos de engenharia de uso geral estão descritos em Quadros que contêm sua abreviação como sigla e outras denominações comuns, as fórmulas dos monômeros e dos polímeros, as características do material, as suas propriedades mais marcantes, as aplicações típicas, os nomes comerciais e os fabricantes dos produtos mais conhecidos. São eles: poli(óxido de metileno) (*Quadro 24*), poli(tereftalato de etileno) (*Quadro 25*), poli(tereftalato de butileno) (*Quadro 26*), policarbonato (*Quadro 27*), poliamidas alifáticas (*Quadro 28*), poli(óxido de fenileno) (*Quadro 29*), poli(fluoreto de vinilideno) (*Quadro 30*), e poli(tetraflúor-etileno) (*Quadro 31*).

Nesses polímeros, é possível observar a relação que existe entre a sua estrutura química e as propriedades apresentadas. Assim, todos os plásticos de engenharia são termoplásticos, isto é, são polímeros não-reticulados cuja fusibilidade permite um fácil processamento. Todos apresentam uma boa resistência mecânica, com módulo alto — quer dizer, são rígidos à temperatura ambiente e sua estrutura permite ordenação interna, que se reflete na cristalinidade e consequentemente, no reforço das propriedades mecânicas e resistência a reagentes químicos e solventes. Também a ausência de insaturação olefínica nesses polímeros traz características de resistência à oxidação e a intempéries, que são importantes em aplicações de engenharia.

**Quadro 24.** Poli(óxido de metileno)

**Abreviação:** POM

**Outras denominações:** Polioximetileno, poliformaldeído, poliacetal.

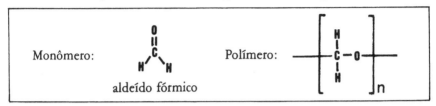

Características do polímero:
  Peso molecular, 15.000-30.000
  Densidade, 1,42
  $T_m$, 180°C; $T_g$, 82°C
  Cristalinidade, 75%
  Termoplástico, branco, opaco.

**Propriedades marcantes:**
  Excelente estabilidade dimensional, com alguma resiliência; baixa absorção de água; resistência à fricção e à abrasão, a reagentes e a solventes; alta resistência à fadiga. Pouca estabilidade térmica e dificuldade de processamento melhoradas por copolimerização. É um dos 3 plásticos de engenharia mais importantes (os demais são: PA e PC).

**Aplicações típicas:**
  Partes de peças industriais para usos mecânicos; na indústria automobilística, cintos de segurança, engrenagens, mecanismos de elevadores de janelas de carro; componentes de torneiras, fechaduras, válvulas; molas; bombas; carcaça de chuveiros elétricos; zíperes; válvulas de aerossol; componentes elétricos e eletrônicos; componentes de equipamentos de escritório, como computadores e terminais de vídeo, e de eletrodomésticos em geral.

**Produtos mais conhecidos:**

| Nome comercial | Fabricante |
|---|---|
| Celcon | Hoechst-Celanese |
| Delrin | DuPont |
| Duracon | Polyplastics |
| Hostaform | Hoechst-Celanese |
| Ultraform | BASF |
| Upital | Mitsubishi |
| Tenac | Asahi |

**Quadro 25.** Poli(tereftalato de etileno)

**Abreviação:** PET

**Outras denominações:** PETP, poliéster saturado, RPET (reforçado).

| Monômeros | glicol etilênico / tereftalato de dimetila |
|---|---|
| Polímero | |

**Características do polímero:**
Peso molecular, 15.000-42.000
Densidade, 1,33-1,45
Índice de refração, 1,65-1,66
$T_m$, 250-270°C; $T_g$, 70-74°C
Cristalinidade, até 40%
Termoplástico, branco, transparente a opaco.

**Propriedades marcantes:**
Resistência mecânica, térmica e química, possibilidade de se apresentar no estado amorfo (transparente), parcialmente cristalino e orientado (translúcido) e altamente cristalino (opaco).

**Aplicações típicas:**
Suporte de filme metálico para estampagem em plásticos, fitas magnéticas para gravação; mantas para filtros industriais; embalagem de alimentos, cosméticos e produtos farmacêuticos; filmes e placas para radiografia, fotografia e reprografia, impermeabilização de superfícies; frascos para refrigerantes gaseificados; fibras têxteis; na indústria automobilística, em partes estruturais grandes, carcaças de bomba, carburadores, limpadores de parabrisa; componentes elétricos; interior de fornos de micro-ondas; em compósitos com fibra de vidro, componentes de móveis de escritório.

## Produtos mais conhecidos:

| Nome comercial | Fabricante |
|---|---|
| ACE | Allied |
| Arnite | Schulman |
| Avlin | Avtex |
| Beetle PEP | Bib |
| Bidim | Rhodia* |
| Cleartuf | Goodyear |
| Crastine | CIBA |
| Dacron | DuPont |
| Encron | Enka |
| Fortrel | Celanese |
| Hostafan | Hoechst |
| Impet | Hoechst-Celanese |
| Kodapak PET | Eastman Kodak |
| Lumirror | Toray |
| Malon | M.A. |
| Melinex | ICI* |
| Mylar | DuPont |
| Petlon | Mobay |
| Petra | Allied |
| Pocan | Bayer |
| Rynite | DuPont |
| Techster | Rhodia* |
| Techster | Rhône-Poulenc |
| Tenite PET | Eastman |
| Tergal | ICI |
| Terphane | Rhône-Poulenc |
| Terphane | Rhodia* |
| Tetoron | Teijin |
| Thermofil | Tetrafil |
| Trevira | Hoechst |
| Valox | GE |
| Vestodur | Huels |

\* No Brasil.

**Quadro 26.** Poli(tereftalato de butileno)

**Abreviação:** PBT

**Outras denominações:** RPBT, PBT reforçado.

| Monômeros | HO—(CH$_2$)$_4$—OH glicol butilênico | H$_3$C–O–C–⟨○⟩–C–O–CH$_3$ tereftalato de dimetila |
|---|---|---|
| Polímero | | $\left[ -O-C-⟨○⟩-C-O-(CH_2)_4 \right]_n$ |

Características do polímero:

Peso molecular, 25.000-40.000
Densidade, 1,31
Índice de refração, —
$T_m$, 220°C; $T_g$, 50°C
Cristalinidade, alta
Termoplástico, branco, opaco.

**Propriedades marcantes:**

Boa resistência mecânica, térmica e química; boa estabilidade dimensional; boas propriedades de isolamento elétrico; baixa absorção de água.

**Aplicações típicas:**

Na indústria automobilística, em componentes para partes externas como grades, para-lamas, calotas e componentes para portas, janelas e espelhos. Na indústria eletro-eletrônica, como relés, estojos de fusível. Na indústria de telecomunicações, como componentes para telefone, caixas para junção. Em eletrodomésticos, como cabos de ferro elétrico, partes laterais em torradeiras, estojos de secador de cabelo, cafeteiras elétricas, carcaças de máquina; cortadores de grama; engrenagens de bicicleta.

**Produtos mais conhecidos:**

| Nome comercial | Fabricante | Nome comercial | Fabricante |
|---|---|---|---|
| Arnite | Akzo | Pibiter | Montepolimeri |
| Celanex | Celanese | Pocan | Mobay |
| Crastine | CIBA | Techster | Rhodia* |
| Duranex | Polyplastics | Ultradur | BASF |
| Grafite | GAF | Valox | GE |
| Panlite | Teijin | Vestodur | Huels |

* No Brasil.

## Quadro 27. Policarbonato

**Abreviação:** PC

| Monômeros | fosgênio | 4,4'-difenilol-propano |
|---|---|---|
| Polímero | | |

**Características do polímero:**

Peso molecular, 10.000-30.000
Densidade, 1,20
Índice de refração, 1,59
$T_m$, 268°C; $T_g$, 150°C
Cristalinidade, muito baixa
Termoplástico, incolor, transparente.

**Propriedades marcantes do polímero:**

Semelhança ao vidro, porém altamente resistente ao impacto; boa estabilidade dimensional; boas propriedades elétricas; boa resistência ao escoamento sob carga e às intempéries; resistente à chama. É um dos 3 plásticos de engenharia mais importantes (os demais são: PA e POM).

**Aplicações típicas:**

Placas resistentes ao impacto, janelas de segurança, escudos de proteção, painéis de instrumentos, lanternas de carros, partes do interior de aeronaves, cabines de proteção, capacetes de proteção de motociclistas; componentes elétricos e eletrônicos, discos compactos, conectores, luminárias para uso exterior, recipientes para uso em fornos de micro-ondas; tubos de centrífuga para sistemas aquosos, anúncios em estradas, artigos esportivos; aplicações em material de cozinha e de refeitórios, como bandejas, jarros dágua, talheres, mamadeiras; aplicações médicas em dialisadores renais. Em misturas poliméricas, com ABS, PET, PBT ou TPE, em parachoques e outras peças externas para carros (Quadros 40 e 41).

**Produtos mais conhecidos:**

| Nome comercial | Fabricante | Nome comercial | Fabricante |
|---|---|---|---|
| Calibre | Dow | Makrolon | Bayer |
| Durolon | Policarbonatos* | Merlon | Mobay |
| Idemitsu PC | Idemitsu | Novarax | Mitsubishi |
| Iupilon | Mitsubishi | Tuffak | Rohm & Haas |
| Lexan | GE | | |

* No Brasil.

**Quadro 28.** Poliamidas alifáticas

**Abreviação:** PA-6, PA-6,6

**Outras denominações:** Nylon, Náilon-6, policaprolactama, Náilon-6,6.

| Poliamida-6 | Monômero: | $\varepsilon$-caprolactama |
| | Polímero: | $\left[ \overset{O}{\underset{\|}{C}} - \left( CH_2 \right)_5 - \underset{H}{\overset{}{N}} \right]_n$ |
| Poliamida-6,6 | Monômeros: | $HOOC-\left(CH_2\right)_4-COOH \quad H_2N-\left(CH_2\right)_6-NH_2$ <br> ácido adípico $\quad$ hexametilenodiamina |
| | Polímero: | $\left[ \overset{O}{\underset{\|}{C}} - \left( CH_2 \right)_4 - \underset{\underset{O}{\|}}{C} - \overset{H}{N} - \left( CH_2 \right)_6 - \underset{H}{N} \right]_n$ |

**Características do polímero:**

PA-6 : Peso molecular, 10.000-30.000
Densidade, 1,12-1,14
Índice de refração, 1,54
$T_m$, 215-220°C; $T_g$, 50°C
Cristalinidade, até 60%
Termoplástico, amarelado e translúcido.

PA-6,6 : Peso molecular, 10.000-20.000
Densidade, 1,13-1,15
Índice de refração, 1,54
$T_m$, 250-260°C; $T_g$, 50°C
Cristalinidade, até 60%
Termoplástico, amarelado e translúcido.

**Propriedades marcantes dos polímeros:**

Resistência mecânica, à fadiga, a impacto repetido e à abrasão, baixo coeficiente de fricção, resistência a escoamento sob carga, boa resistência química e a solventes não ácidos, alta absorção de umidade. É um dos 3 plásticos de engenharia mais importantes (os demais são: POM e PC).

## Aplicações típicas:

Na indústria de transportes, em engrenagens para limpador de parabrisas, velocímetros, ventiladores para motor, reservatórios de fluidos para freio, estojos de espelho, componentes mecânicos de aparelhos domésticos, cabos de martelo, partes móveis de máquinas; em conectores elétricos; como filmes, para embalagem de alimentos; malhas para meias e roupas; equipamentos para processamento de alimentos e de tecidos; escovas; fios de pescar; material esportivo como raquetes, bases de esqui, rodas de bicicleta.

## Produtos mais conhecidos:

| Tipo | Nome comercial | Fabricante |
|---|---|---|
| PA-6 | Akulon | Akzo |
| | Akulon | Schulman |
| | Amilan | Toray |
| | CRI | Bemis |
| | Capran | Allied |
| | Capron | Allied |
| | Durethan | Bayer |
| | Grilamid | Mazzaferro* |
| | Grilon | Emser |
| | Novamid | Mitsubishi |
| | Nycoa | Nylon Corporation |
| | Nytron | Nitrocarbono* |
| | Plaskon | Allied |
| | Orgamid | ATO |
| | Sniamid | Technopolimeri |
| | Ube | Ube |
| | Ultramid | BASF |
| PA-6,6 | Akulon | Schulman |
| | Celanese | Celanese |
| | Leona | Asahi |
| | Maranyl | ICI |
| | Minlon | DuPont |
| | Technyl | Rhône-Poulenc |
| | Technyl | Rodhia* |
| | Ultramid | BASF |
| | Vydyne | Monsanto |
| | Zytel | DuPont |

\* No Brasil.

## Outras poliamidas alifáticas de uso especial:

Poliamida-11, Poliamida-12, Poliamida 6,10.

**Quadro 29.** Poli(óxido de fenileno)

**Abreviação:** PPO

**Outras denominações:** Polixilenol, poli(oxifenileno), poli(Oxi-2,6-dimetil-1,4-fenileno).

Monômero:

2,6-dimetil-fenol

Polímero:

**Características do polímero:**

Peso molecular, 25.000-60.000
Densidade, 1,06
Índice de refração, —
$T_m$, 257°C; $T_g$, 210°C
Cristalinidade, até 50%
Termoplástico, âmbar, transparente a opaco.

**Propriedades marcantes:**

Muito baixo coeficiente de expansão térmica, alta resistência mecânica e térmica, prolongada retenção das propriedades mecânicas em ambientes aquecidos; resistência a bases e ácidos, porém atacado por hidrocarbonetos aromáticos e halogenados. Em mistura com PS ou PA, boa processabilidade.

**Aplicações típicas:**

Geralmente modificado com poliestireno e poliamidas. Pás de bomba, filtros de máquina de lavar, carcaças de desumidificador; como substituintes de placas metálicas, em chassis e outras partes internas de carros, como painéis de instrumento, encosto de banco, e externas, como para-choques, calotas; cabeçotes de chuveiro elétrico, enroladores de cabelo, passadeiras a vapor para roupas; em equipamentos de telecomunicações; em recipientes para fornos de micro-ondas.

**Produtos mais conhecidos:**

| Nome comercial | Fabricante |
|---|---|
| PPO | GE |

OBS.: Misturas comerciais de PPO e outros polímeros se encontram nos Quadros 40 e 41.

# Quadro 30. Poli(fluoreto de vinilideno)

**Abreviação:** PVDF

Monômero: $H_2C=CF_2$ — fluoreto de vinilideno    Polímero: $\left[ \begin{array}{cc} H & F \\ C & C \\ H & F \end{array} \right]_n$

**Características do polímero:**
Peso molecular, 500.000-1.200.000
Densidade, 1,75-1,80
Índice de refração, 1,42
$T_m$, 160-200°C; $T_g$, − 40°C
Cristalinidade, 68%
Termoplástico, incolor, translúcido a opaco.

**Propriedades marcantes:**
Piezoeletricidade, grande resistência à tração, ao desgaste, ao impacto, ao escoamento sob carga, a produtos químicos corrosivos e às intempéries.

**Aplicações típicas:**
Transdutores mecano-elétricos; isolamento de fios usados em computadores e na indústria aeronáutica; luvas termo-contráteis para indústrias eletrônica, aeronáutica e aeroespacial; na indústria química, para embalagem de produtos químicos corrosivos, em diafragma de válvulas, em tubulações, bombas, dutos; em vernizes e tintas de alta durabilidade a intempéries, para metais.

**Produtos mais conhecidos:**

| Nome comercial | Fabricante |
| --- | --- |
| Floraflon | Atochem |
| Kynar | Pennwalt |
| Neoflon | Daikin |
| Solef | Solvay |

**Quadro 31.** Poli(tetraflúor-etileno)

**Abreviação:** PTFE

Monômero:

$$F_2C=CF_2$$

tetraflúor-etileno

Polímero:

$$\left[ CF_2-CF_2 \right]_n$$

**Características do polímero:**

Peso molecular, 500.000-5.000.00
Densidade, 2,13-2,20
$T_m$, 327°C; $T_g$, 127°C
Cristalinidade, 95%
Termoplástico, branco, opaco.

**Propriedades marcantes:**

Excepcional resistência a solventes e reagentes químicos; elevada resistência térmica; muito baixo coeficiente de fricção; baixa adereência; boas propriedades mecânicas, mesmo a temperaturas muito baixas.

**Aplicações típicas:**

Revestimentos antiaderentes em panelas e equipamentos para a indústria de alimentos; anéis de pistão de máquinas; suportes; selos mecânicos; fitas de vedação; gaxetas; torneiras; sedes de válvulas.

**Produtos mais conhecidos:**

| Nome comercial | Fabricante |
| --- | --- |
| Fluon | ICI |
| Halon | Allied |
| Hostaflon | Hoechst-Celanese |
| Polyflon | Daikin |
| Teflon | DuPont |

Esses plásticos tradicionais de engenharia podem ser listados, em ordem decrescente de consumo mundial, da seguinte forma: poliamidas; poliacetal; policarbonato; poli(óxido de fenileno); poli(tereftalato de etileno); e poli(tereftalato de butileno).

## 2.1.2. Plásticos de engenharia de uso especial

No final da década de 70, começaram a surgir os plásticos de engenharia de uso especial, ou plásticos de alto desempenho, cujas estruturas foram planejadas de modo a apresentar, em grau superlativo, as propriedades dos plásticos de engenharia de uso geral, além de algumas características adicionais, de grande importância tecnológica. Desses plásticos, os mais importantes, já industrializados, estão apresentados em Quadros, contendo informações sobre sua denominação, estrutura química, principais características, propriedades mais relevantes, aplicações mais visadas, nomes comerciais mais conhecidos e empresas produtoras. São eles: poliarilatos (*Quadro 32*), poliésteres líquido-cristalinos (*Quadro 33*), poliamidas aromáticas (*Quadro 34*), poli-imidas (*Quadro 35*), policetonas (*Quadro 36*), poli-sulfonas (*Quadro 37*) e poli(sulfeto de fenileno) (*Quadro 38*).

Correlacionando a estrutura molecular desses plásticos com o seu conjunto de características especiais, pode-se observar que, em todos os casos, apresentam:

- **Termoplasticidade**

De fato, todas as estruturas são lineares, não reticuladas, e, portanto, os produtos são suscetíveis de moldagem pelos processos usuais da indústria de materiais plásticos.

- **Grande resistência mecânica**

A alta rigidez, o elevado módulo, a notável resistência tênsil, e a grande dureza desses materiais, ao lado da sua deformação por tração ou compressão muito pequena, decorrem da estrutura aromática pouco flexível. Todas as cadeias macromoleculares são formadas por anéis aromáticos ligados por um ou dois átomos em

# Quadro 32. Poliarilatos

**Abreviação:** PAR

| Monômeros: | ácido tereftálico ácido isoftálico 4,4'-difenilol-propano |
|---|---|
| Polímero: | (Durel) |

**Características do polímero:**

Peso molecular, 10.000
Densidade, 1,21
Índice de refração, 1,61
$T_m$, —; $T_g$ 188°C
Cristalinidade, muito baixa
Termoplástico, amarelado, transparente.

**Propriedades marcantes:**

Transparência, resistência térmica, auto-retardamento de chama; baixa contração no molde, sem empenamento; boa estabilidade dimensional; baixa absorção de água; alta resistência à oxidação e às radiações ultravioleta; alta resistência mecânica mesmo a temperaturas elevadas; alta resistência ao impacto; alta temperatura de processamento (305°C): excelentes propriedades dielétricas.

**Aplicações típicas:**

Na indústria automobilística, como bases de farol, de lanterna e de espelho, maçanetas de porta, colchetes de pressão, lentes para farol e sinal de trânsito; capacetes e escudos contra fogo. Na indústria eletro-eletrônica, como revestimentos de fusível, caixas para relé, bobinas. Painéis transparentes para teto em construções; luminárias e globos de iluminação de rua.

**Produtos mais conhecidos:**

| Nome comercial | Fabricante |
|---|---|
| Ardel | Amoco |
| Arylon | DuPont |
| Bexloy M | DuPont |
| Durel | Hoechst-Celanese |

## Quadro 33. Poliésteres líquido-cristalinos

**Abreviação**: LCP

**Outras denominações**: Polímeros termotrópicos, poliésteres termotrópicos.

| | |
|---|---|
| **Monômeros** | ácido p-hidroxi-benzóico / ácido teraftálico / ácido 2,6-naftaleno-dicarboxílico / ácido 6-hidroxi-2-naftaleno-carboxílico / 4,4'-di-hidroxi-bifenila / 2,6-di-hidroxi-naftaleno |
| **Polímero** | (Vectra) |

**Características do polímero:**

Peso molecular, 25.000-60.000
Densidade, 1,40
$T_m$, 280°C; $T_g$, —
Cristalinidade muito alta, mesmo fundido (termotrópico)
Termoplástico, amarelado, opaco.

**Propriedades marcantes:**

Resistência ao calor, uso contínuo a temperaturas até 200°C; auto-retardante de chama, gerando pouca fumaça; boa estabilidade dimensional mesmo a temperaturas altas; baixa absorção de água; alta resistência à oxidação; alta resistência mecânica, mas anisotrópico; alta rigidez; alta tenacidade; excepcional resistência química; baixa permeabilidade a gases e líquidos; excelentes propriedades dielétricas. Fácil processmento; baixa contração no molde, pouco empenamento: auto-reforço; pouca rebarba.

**Aplicações típicas:**

Substituição a partes complexas de cerâmica ou metal, nas indústrias elétrica e eletrônica, aeroespacial, química, automobilística; em fibras óticas; em fornos de micro-ondas.

**Produtos mais conhecidos:**

| Nome comercial | Fabricante |
|---|---|
| Ultrax | BASF |
| Vectra | Celanese |
| Xydar | Dartco |

**Quadro 34.** Poliamidas aromáticas

**Abreviação:** PPTA

**Outras denominações:** Aramid, PPD-T, PPD-I.

| Monômeros | cloridrato de cloreto de 4-amino-benzoíla — dicloreto de tereftaloíla — dicloreto de isoftaloíla — m-fenileno-diamina — p-fenileno-diamina |
| --- | --- |
| Polímero | (Kevlar) |

## Características do polímero:

Peso molecular, 70.000
Densidade, 1,35-1,45
$T_m$, 400-550°C°C; $T_g$, 250-400°C
Cristalinidade alta, mesmo em solução (liotrópico)
Termoplástico, amarelado, opaco.

## Propriedades marcantes:

Excepcional resistência ao calor (550°C); auto-retardante de chama; altíssimo módulo; usado como fibra; sensível a radiações ultravioleta; excelentes propriedades dielétricas.

## Aplicações típicas:

Como fibra de reforço em compósitos, em material esportivo, vasos de alta pressão, jaquetas e capacetes à prova de bala; na indústria aeroespacial; no isolamento elétrico de motores; em substituição ao asbesto em roupas para bombeiros; na indústria petrolífera, em cabos e tubulações submarinas.

## Produtos mais conhecidos:

| Nome comercial | Fabricante |
|---|---|
| Kevlar | DuPont |
| Konex | Teijin |
| Nomex | DuPont |
| Twaron | Akzo |

POLÍMEROS COMO MATERIAIS DE ENGENHARIA

**Quadro 35.** Poli-imidas

**Abreviação:** PI

**Outras denominações:** PAI, poli(amida-imida), PEI, poli(éter-imida).

| Monômeros | |
|---|---|
| Polímeros | |

**Características do polímero:**

Peso molecular, 15.000-60.000
Densidade, 1,1-1,5
$T_m$, —; $T_g$, —
Cristalinidade, variável
Termoplástico ou termorrígido, amarelado a acastanhado, transparente a opaco.

**Propriedades marcantes:**

Excelentes propriedades mecânicas, excelente estabilidade dimensional e térmica, excelente resistência à oxidação, boa resistência química, excelente resistência ao desgaste, baixo coeficiente de fricção, auto-retardamento de chama, boas propriedades elétricas; baixa resistência às radiações. Difícil processamento.

**Aplicações típicas:**

Substituindo vidro e metais para condições de alto desempenho nas indústrias elétrico-eletrônica, automobilística, naval, aeroespacial e de embalagem, como encaixes, anéis de pistão, sedes de válvula, eixos, partes de motor, placas de circuito impresso flexível, partes de gerador e condensador. Vernizes anti-corrosivos.

**Produtos mais conhecidos:**

| Nome comercial | Fabricante |
|---|---|
| BT | Mitsubishi |
| Envex | Rogers |
| Eymyd | Ethyl |
| Imidaloy | Toshiba |
| Kamax | Rohm & Haas |
| Kapton | DuPont |
| Kerimid | Rhône-Poulenc |
| Kynel | Rhône-Poulenc |
| Torlon | Amoco |
| Ultem | GE |
| Upijohn | Upijohn |
| Upilex | Ube |
| Vespel | DuPont |

POLÍMEROS COMO MATERIAIS DE ENGENHARIA 101

**Quadro 36.** Policetonas

**Abreviação:** PK

**Outras denominações:** PEK, poli(éter-cetona), PEEK, poli(éter-éter-cetona), PEKK, poli(éter-cetona-cetona).

| Monômeros | hidroquinona 4,4'-di-hidroxi-acetofenona 4,4'-diflúor-acetofenona |
|---|---|
| Polímeros | PEK (Ultrapek) PEEK (Victrex) |

**Características do polímero:**

PEK — Peso molecular, —
Densidade, 1,32
$T_m$, — ; $t_g$, 204°C
Cristalinidade, até 40%
Termoplástico, amarelado, opaco.

PEEK — Peso molecular, —
Densidade, 1,32
$T_m$, 334°C; $T_g$, 143°C
Cristalinidade, até 35%
Termoplástico, acinzentado, opaco.

**Propriedades marcantes:**

Excelente resistência térmica; boa resistência mecânica, mesmo a altas temperaturas; auto-retardante de chama; resistência química e a solventes; boas propriedade elétricas e a radiações; boa estabilidade dimensional. Fácil processamento a 340-440°C.

**Aplicações típicas:**

Usado em compósitos de alto desempenho com até 40% de fibra. Partes de automóvel; placas de compressor; partes estruturais de aeronave; cabos para nave espacial; conectores em planta de energia nuclear; filmes para circuito impresso flexível e termo-resistente; revestimento de cabos; válvulas e bombas para líquido corrosivo.

**Produtos mais conhecidos:**

| Nomes comerciais | Fabricante |
| --- | --- |
| Hostatec* | Hoeschst-Celanese |
| Kadel | Amoco |
| PEKK | DuPont |
| Stabar K** | ICI |
| Ultrapek* | BASF |
| Victrex** | ICI |

\* PEK.
\*\* PEEK.

# Quadro 37. Poli-sulfonas

**Abreviação:** PSF

**Outras denominações:** PSO, PAS, poli(aril-sulfona), poli(fenil-sulfona), PES, poli(éter-sulfona), poli(aril-éter-sulfona)

| Monômeros | sal de sódio do 4,4'-difenilol-propano / 4,4'-dicloro-difenil-sulfona / 4-cloro-sulfonil-bifenila |
|---|---|
| Polímeros | PAS / PES (Udel) |

**Características do polímero:**

Peso molecular, 25.000
Densidade, 1,24-1,25
Índice de refração, 1,63-1,65
$T_m$, 185-220°C; $T_g$, —
Cristalinidade, muito baixa
Termoplástico, amarelado, transparente.

**Propriedades marcantes:**

Resistência a altas temperaturas; rigidez; estabilidade dimensional; resistência ao escoamento ("creep"); estabilidade química; auto-retardante da chama; boas propriedades elétricas.

**Aplicações típicas:**

Em substituição a metais, vidro e cerâmica; carcaças de secador de cabelo; lâmpadas de projetor; indicadores luminosos; conectores elétricos para temperatura alta; soquetes de circuitos integrados; blocos de terminais; circuitos impressos; material esterilizável para uso médico. Em compósitos, com fibra de vidro ou de carbono, na indústria aeronáutica.

**Produtos mais conhecidos:**

| Nome comercial | Fabricante |
|---|---|
| Bakelite PSF | Union Carbide |
| Radel | Amoco |
| Stabar S | ICI |
| Udel | Amoco |
| Ultrason L | BASF |
| Victrex | ICI |

**Quadro 38.** Poli(sulfeto de fenileno)

**Abreviação:** PPS

| Monômeros | $Na_2S$ sulfeto de sódio | Cl—⬡—Cl p-dicloro-benzeno |
|---|---|---|
| Polímero | | $\left[ \text{⬡} - S \right]_n$ |

**Características do polímero:**
  Peso molecular, 18.000
  Densidade, 1,36
  $T_m$, 285°C; $T_g$, 85°C
  Cristalinidade, até 70%
  Termoplástico, branco, opaco.

**Propriedades marcantes:**
  Auto-retardante de chama; resistência à degradação até 450°C; elevada rigidez; boa retenção das propriedades mecânicas em temperaturas elevadas (200°C); baixa absorção de água; excelente resistência química; transparência a micro-ondas; excelentes propriedades elétricas em larga faixa de temperatura. Fácil processamento a 250-300°C; suporta reciclagem várias vezes na moldagem.

**Aplicações típicas:**
  Revestimentos resistentes à corrosão; partes de bomba e de medidor de água; sedes de válvula; juntas; na indústria automobilística, em componentes para uso nas proximidades do motor; bobinas; transistores.

**Produtos mais conhecidos:**

| Nome comercial | Fabricante |
|---|---|
| Craston | CIBA-Geigy |
| Fortron | Hoechst-Celanese |
| Primef | Solvay |
| Ryton | Philips |
| Supec | GE |
| Tedur | Mobay |

grupos não parafínicos, sem ramificações pendentes na cadeia principal. Essa condição acarreta destruição difícil da ordenação macromolecular e, portanto, responde por propriedades mecânicas em alto grau. As ramificações afastariam as macromoléculas umas das outras, e assim diminuiriam a sua interação, reduzindo a resistência mecânica (ver Cap. 2, item 1.1).

- **Resistência a temperaturas elevadas**

A resistência térmica está associada a estruturas aromáticas como parte integrante da longa cadeia polimérica.

A estabilidade à degradação de um polímero pelo calor é fundamentalmente relacionada à energia de ligação dos átomos que formam a cadeia polimérica. Assim, a ligação C—C em anéis aromáticos exige uma energia de 520 kJ/mol para a sua ruptura, que é muito mais elevada do que a energia requerida pela ligação C—C alifática, de 335 kJ/mol. Este é um dos fatores que tornam os polímeros de engenharia de alto desempenho tão superiores às poliolefinas e outros polímeros vinílicos, quanto à prolongada resistência a temperaturas elevadas. Mesmo quando a cadeia macromolecular é parafínica, a resistência à degradação pelo calor pode ser melhorada, pela substituição de átomos de hidrogênio (energia de ligação C—H: 410 kJ/mol) por átomos de flúor (energia de ligação C—F: 500 kJ/mol), ou reduzida, se o substituinte for o cloro (energia de ligação C—Cl: 340 kJ/mol). No entanto, os átomos de H, F e Cl são monovalentes e não geram cadeias poliméricas.

Por aquecimento ao ar, os anéis aromáticos da cadeia tendem a sofrer condensações, formando macromoléculas cada vez mais compactadas e estáveis ao calor. A estrutura de carbono condensada ao máximo é encontrada no grafite, que é uma forma alotrópica do carbono, com cristais lamelares, anisométricos, cuja elevada resistência à degradação térmica é bem conhecida e aplicada industrialmente na confecção de cadinhos e moldes metalúrgicos (ver Cap. 2, item 2.2).

- **Propriedades mecânicas mantidas em larga faixa de temperatura**

A difícil destruição da ordem macromolecular, apesar da elevação de temperatura, permite a manutenção das propriedades mecânicas, o que é uma característica muito importante exigida em materiais especiais, de alto desempenho. Essa propriedade é encontrada quando as cadeias são formadas por anéis aromáticos ligados por um ou dois átomos, em grupos não parafínicos, de pouca flexibilidade (ver Cap. 2, itens 2.1, 2.2, 2.3).

- **Resistência às intempéries e à oxidação**

A inexistência de insaturação nos segmentos que ligam os anéis aromáticos para formar as cadeias macromoleculares dos polímeros de alto desempenho, bem como a ausência de carbono terciário nesses segmentos, acarretam uma grande resistência desses materiais às intempéries e à oxidação (ver Cap. 2, item 2.1).

- **Auto-retardamento da chama e pouca fumaça**

O elevado percentual de estruturas aromáticas nas macromoléculas, que confere resistência a temperaturas elevadas aos polímeros de alto desempenho, associado à ausência de cadeias parafínicas, garante o retardamento da chama. Há evolução de pouca fumaça durante a queima, e tendência à formação de resíduo negro, grafítico, de difícil combustão. Os plásticos que contêm grupamentos éster ou cetona tendem a liberar vapores de dióxido de carbono, que abafam a chama, extinguindo-a (ver Cap. 2, item 2.8).

- **Resistência a solventes e reagentes**

O tipo de estrutura química encontrado nos polímeros de alto desempenho responde pela grande resistência a reagentes e a solventes, tal como ocorre com os polímeros de engenharia de uso geral (ver Cap. 2, itens 2.4, 2.5, 2.6 e 2.7).

- **Boa estabilidade dimensional**

A estabilidade dimensional está relacionada à rigidez permanente do material, que não deve apresentar escoamento significativo. A dilatação, ou encolhimento, da peça prejudica o desempenho em muitos casos. O polímero deve ter elevada temperatura de transição vítrea e alta cristalinidade. Sua estrutura química não deve favorecer a absorção de umidade ambiental, que faz variar o volume da peça; deve ser resistente à degradação térmica e química, que também causam a modificação de volume.

Os átomos ou grupos que ligam esses anéis para formar a cadeia macromolecular, como átomos de oxigênio, de enxofre ou grupos carbonila, têm importância fundamental nas propriedades e nas características de processamento. A distorção ao calor depende da mobilidade da cadeia polimérica. A presença de anéis rígidos aromáticos ou heterocíclicos volumosos prejudica essa mobilidade e aumenta a temperatura de amolecimento, porque dificulta ou impede o deslisamento das cadeias, umas sobre as outras, e também restringe a rotação livre dessas cadeias em torno de seu eixo. Esse mesmo efeito é ainda causado por áreas cristalinas. Além disso, nos materiais cristalinos, anisométricos, poderá ocorrer o empenamento da peça por mudar de dimensões conforme a orientação das macromoléculas na fase cristalina, o que não ocorre na fase amorfa (ver Cap. 2, item 1.1.3.).

Todas essas características estruturais são extremamente importantes para a estabilidade ao calor por tempos prolongados, porém reduzem a processabilidade. Para desempenho de alta responsabilidade, o material não deve conter plastificantes ou outros aditivos voláteis, os quais podem ser gradualmente removidos da peça durante o uso.

- **Resistência às radiações eletromagnéticas**

Os polímeros que apresentam estruturas sem conjugação (isto é, sem alternância de ligações químicas insaturadas), ou com pouca conjugação, não absorvem radiações do espectro eletromagnético na região do visível, e o polímero é incolor. Se há oxidação da molécula, durante o processamento ou sob a ação dos raios ultravioleta solares, o produto se torna amarelado; conforme o grau de oxidação, resultam trechos conjugados que causam o escurecimento do produto, em maior ou menor grau.

Quando os polímeros são muito cristalinos, o material se torna opaco, pelas difrações sucessivas que o raio de luz sofre ao atravessar as diversas regiões ordenadas do material. Quando o polímero é predominantemente amorfo, o material é transparente (ver Cap. 2, item 1.4).

## • Resistência à abrasão

O termo *abrasão* refere-se comumente a um processo de desgaste em que a remoção de material de uma superfície ocorre durante seu deslocamento contra partículas ou protuberâncias rígidas. Em polímeros rígidos, a resistência à abrasão pode ser associada à reticulação molecular do material, através de ligações químicas covalentes (ligações cruzadas), ou à existência de ligações físico-químicas fortes, como pontes de hidrogênio, ou de outras interações moleculares, e é mais pronunciada em polímeros termorrígidos e polímeros termoplásticos altamente cristalinos (ver Cap. 2, item 1.1.10).

## • Baixo coeficiente de expansão térmica

O baixo coeficiente de expansão térmica, isto é, a maior resistência a expandir a organização macromolecular, é encontrado nos polímeros de alta cristalinidade, onde ocorre também a anisometria nas propriedades. Os valores determinados para a avaliação dessas características variam conforme a direção em que é feita a medida. Quando os polímeros são amorfos, apresentam isometria, isto é, os valores são os mesmos, qualquer que seja a direção da medida.

Um interessante conjunto de propriedades é encontrado nos polímeros líquido-cristalinos, que apresentam excepcional resistência mecânica e química quando sólidos e mostram, no estado fundido ou dissolvido, uma certa ordenação molecular. Durante o processo de moldagem, assumem uma estrutura cristalina, contínua, autoreforçadora, completamente diferente da estrutura cristalina lamelar, descontínua (*Figura 11*), encontrada nos demais polímeros de alta cristalinidade.

O tipo de ordenação macromolecular pode variar conforme o solvente — neste caso, o material líquido-cristalino é denominado *liotrópico* — ou a temperatura — designado *termotrópico*. As estruturas contínuas *nemática, esmética* ou *colestérica*, encontradas nesses materiais, são ilustradas na *Figura 30*.

Todos os plásticos de alto desempenho são opacos, com exceção apenas das poli-sulfonas e dos poliarilatos, que são transparentes, devido à sua estrutura predominantemente amorfa.

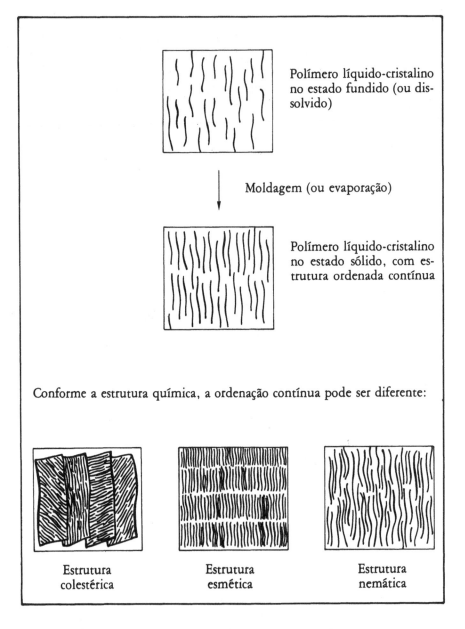

Figura 30 - Tipos de estrutura ordenada contínua em polímeros líquido-cristalinos

## 2.2. Sistemas poliméricos mistos

A vantagem do emprego de mistura de componentes, ao invés de um componente único, é bem conhecida para uma diversidade de produtos. As misturas podem visar à obtenção de características novas. Por exemplo, em perfumes, bebidas, alimentos, em que são importantes a fragrância e o paladar, ambas propriedades organolépticas cuja avaliação humana envolve a percepção muito sensível de variações sutis. Nestes casos, o objetivo principal é dificultar ou impedir a imitação, e exige a manutenção das características por prazos muito prolongados, mesmo com as variações climáticas locais, anuais ou sazonais, que influenciam os produtos de origem natural empregados. "Whiskies" de renome podem conter mais de uma dezena de tipos diferentes de "whisky", de várias origens, para manter a qualidade.

Também no campo dos polímeros, as misturas industriais podem incluir aditivos em quantidades substanciais, para melhorar características e/ou baratear custos. Por exemplo, cargas como negro de fumo, caulim, carbonato de cálcio, são usadas em composições de borracha; serragem, em resina fenólica; *alfa-* celulose, em resinas ureica e melamínica. Plastificantes são essenciais em produtos como plastissóis de PVC e composições elastoméricas muito carregadas.

De um modo bastante abrangente, os sistemas *poliméricos mistos* podem ser distribuídos em 2 grupos ( *Quadro 39*): os sistemas miscíveis e os sistemas imiscíveis.

Nos *sistemas miscíveis*, as misturas são unifásicas; há compatibilidade total entre os componentes dentro de certos limites de composição e temperatura. Neste caso, as *misturas poliméricas* totalmente compatíveis são também chamadas *ligas poliméricas*.

Nos *sistemas imiscíveis*, as misturas apresentam mais de uma fase; pode ocorrer compatibilidade interfacial ou incompatibilidade total entre as fases. Quando há compatibilidade interfacial, todos os componentes da mistura podem ser poliméricos ou não. Em qualquer desses casos, sempre que há um componente matricial e um estrutural, o sistema constitui um *compósito*. As misturas com carga reforçadora se incluem entre os compósitos. Quando não há componente estrutural, o componente matricial engloba as partí-

**Quadro 39** - Classificação dos sistemas poliméricos mistos

| | Miscibilidade | Compati-bilidade | Natureza dos componentes | Designação | Exemplo* |
|---|---|---|---|---|---|
| Sistema polimérico misto | Miscível (unifásico) | Total | Polímero/polímero | Mistura polimérica ou liga polimérica | PPO/PS, PVC/NBR PVC/MBS |
| | | | Polímero/não-polímero | Mistura aditivada | PVC/DOP |
| | Imiscível (multifásico) | Interfacial | Polímero/polímero | Mistura polimérica | PI/EPDM PA/EPDM |
| | | | | Compósito | PEEK/PA |
| | | | Polímero/não-polímero | Compósito | SI/Ácido silícico |
| | | Inexistente | Polímero/polímero | Mistura polimérica incompatível | BR/NBR |
| | | | Polímero/não-polímero | | SBR/CaCO$_3$ |

* Ver Quadros 40, 41, 42, 43 e 44.

culas dispersas do outro componente; o sistema se apresenta como uma *mistura polimérica*. Exemplos de sistemas em que há incompatibilidade são as *misturas com carga inerte*.

Os sistemas poliméricos mistos têm permitido aos plásticos aplicações que antes decorriam exclusivamente de homopolímeros e de copolímeros, além de empregos completamente novos, em decorrência da capacitação técnica e criatividade dos especialistas. O objetivo da mistura de polímeros é melhorar propriedades como a rigidez, resistência ao impacto a baixas temperaturas, estabilidade dimensional a altas temperaturas, resistência às intempéries, resistência a rachaduras provocadas por tensão, resistência à chama, processabilidade e resistência ao envelhecimento. Dessas propriedades, as mais comumente requeridas para materiais de engenharia são: resistência ao impacto, resistência mecânica e resistência à chama.

Muitas vezes, é possível combinar algumas dessas qualidades, inclusive aquelas que são aparentemente conflitantes, como, por exemplo, aumento da resistência ao impacto ou da resistência mecânica, mantendo a maleabilidade e a estabilidade dimensional.

## 2.2.1. Sistemas poliméricos miscíveis

No equilíbrio, uma mistura de 2 polímeros amorfos pode existir de duas maneiras: como uma solução dos componentes macromoleculares em uma fase única, em que os segmentos poliméricos estão intimamente misturados, em solução mútua; ou então separados em duas fases distintas, cada uma constituindo fundamentalmente um componente individual.

A miscibilidade de dois componentes poliméricos quaisquer é função de 3 parâmetros: sua compatibilidade, a proporção relativa em que se encontram, e as condições de temperatura e pressão a que estão submetidos, ao longo de determinados tempos. O termo *compatibilidade* se refere à natureza química; o termo *miscibilidade*, à dispersão estável. A dispersão em seu grau máximo, a nível molecular, acarreta a miscibilidade dos polímeros. A mistura de dois homopolímeros miscíveis é monofásica e muito semelhante em propriedades e processamento ao copolímero aleatório correspondente.

Quando dois polímeros são compatíveis, podem tornar-se interdispersos, formando uma fase homogênea. Não há indícios grosseiros de segregação de fase. Sua compatibilidade pode ser observada pelo índice de refração, e, portanto, pela transparência ou translucidez da mistura, tal como ocorre com líquidos miscíveis, ou ainda pela ocorrência de uma temperatura de transição vítrea única, intermediária entre as dos componentes poliméricos isolados. Se forem modificadas as condições de temperatura e pressão, ᵥessa miscibilidade pode desaparecer. As propriedades da mistura *versus* composição podem ser representadas em gráficos (*Figura 31*), para os polímeros $A$ e $B$.

O equilíbrio de fases do sistema é traduzido pela energia livre de mistura, $\Delta G_m$, que é determinada pela bem conhecida *Equação de Gibbs*:

$$\Delta G_m = \Delta H_m - T\Delta S_m$$

onde $\Delta H_m$ e $\Delta S_m$ são, respectivamente, a entalpia e a entropia de mistura, e $T$ a temperatura em que ocorre o processo. A energia livre de mistura é afetada pela composição dessa mistura e pela tem-

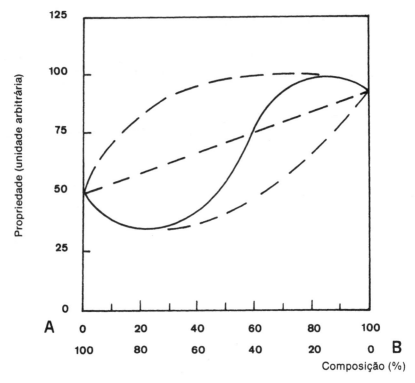

**Figura 31** - Diagrama típico Propriedade *versus* Composição em misturas poliméricas binárias

peratura. Há miscibilidade quando $\Delta G_m$ é negativa e, além disso, a mistura satisfaz a algumas outras exigências, traduzidas pela expressão:

$$\left(\frac{\partial^2 G_m}{\partial \phi_i^2}\right)_{T,P} > 0$$

onde $\phi_i$ é a fração volumétrica do componente *i* e P é a pressão.

Os mesmos princípios da Termodinâmica que se aplicam ao comportamento de misturas de fase em micromoléculas líquidas, aplicam-se também às misturas de polímeros sólidos, com algumas diferenças quantitativas, provenientes do fato de serem maiores as massas molares. A mais importante regra para a miscibilidade de polímeros é baseada na Teoria de Flory-Huggins, segundo a qual a miscibilidade de polímeros de alto peso molecular só é pos-

POLÍMEROS COMO MATERIAIS DE ENGENHARIA

sível quando o processo de mistura é exotérmico, isto é, ao misturar os polímeros, a massa deve aquecer-se espontaneamente. As interações moleculares em A e em B perdem intensidade, "soltando" as moléculas, e então ocorrem interações intermoleculares A-B com o outro componente, mais fortes, mais fáceis de se formar — e o excesso de energia é liberado, traduzindo-se pelo aquecimento da massa — isto é, o processo é exotérmico. Assim, o fato de a mistura ser espontaneamente exotérmica significa haver maior afinidade entre um componente e o outro do que entre as moléculas de cada um, isoladamente.

Solução homogênea de um polímero em outro é exceção, e não regra. Total miscibilidade ou imiscibilidade não é comumente encontrada na mistura de dois polímeros; o que ocorre é miscibilidade parcial. A miscibilidade pode ser melhorada pela adição de um terceiro componente, que atua como agente compatibilizante.

As principais misturas poliméricas miscíveis industriais, com suas características mais importantes, se encontram relacionadas no *Quadro 40*. A observação detalhada desse Quadro permite verificar que são poucas as misturas industriais miscíveis. O componente polimérico principal mais encontrado nessas misturas é o PVC, e as propriedades mais procuradas são: maior resistência ao impacto, maior flexibilidade e melhor processabilidade, que não são propriedades conflitantes.

### 2.2.2. Sistemas poliméricos imiscíveis

Ao contrário dos sistemas poliméricos miscíveis, em que a compatibilidade é total e há apenas uma fase, pode ocorrer que o sistema polimérico apresente mais de uma fase, com compatibilidade parcial ou total incompatibilidade entre os seus componentes. Neste grande grupo se enquadram as misturas poliméricas multifásicas e os compósitos.

Na mistura de dois componentes, de natureza química diversa, de qualquer dimensão ou forma, para que ocorra uma interação é essencial a existência de áreas de contato entre eles. Quanto maior for essa área, tanto maior será a possibilidade de ocorrer entre os dois componentes uma interação de natureza física, química ou físico-química. É claro que, se a dispersão dos constituintes for a ní-

QUADRO 40. Principais misturas poliméricas miscíveis industriais

| Polímero principal (em maior proporção) | Polímero modificador (em menor proporção) | Característica visada para modificação, comparada à do polímero principal | | | | | | Nome comercial | Fabricante | Aplicações especiais |
|---|---|---|---|---|---|---|---|---|---|---|
| | | Maior resistência ao impacto a baixas temperaturas | Melhor processabilidade | Melhor resistência química e a solventes | Menor opacidade | Melhor resistência às intempéries | Maior flexibilidade | | | |
| PE | Poliolefinas(a) | x | | | x | | x | — | — | - Filmes para embalagem. |
| PP | Poli(1-buteno) | x | x | | x | | x | — | — | - Filmes para embalagem. |
| PVC | NBR | x | x | | | | x | - Vynite | - Alpha Chemical | - Indústria de fios e cabos elétricos, indústria de alimentos, para embalagens, correias transportadoras, carcaças de aparelhos domésticos e de escritório |
| | MeSAN | | x | | | | | — | — | - Divisórias rígidas. |
| | CPE(b) | x | x | | | | x | - Hostalit | - American Hoechst | - Indústria de fios e cabos elétricos, embalagem de alimentos, interiores de carros, solados. |
| PMMA | PVDF | | | x | | x | | — | — | - Placas transparentes para uso externo. |
| PPO | PS | | x | | | | | - Noryl<br>- Prevex | - GE<br>- Borg- | - Indústria automobilística em painéis, indústria eletro-eletrônica, carcaças de bombas. |
| NBR | PVC | | | | | x | | - N 7.400 | - Nitriflex* | - Revestimento de mangueiras, fios e cabos; solados. |

(a) Poliolefinas = copolímeros de etileno.

(b) CPE = polietileno clorado, com menos de 40% de cloro; acima de 40%, a mistura é imiscível.

* No Brasil.

vel molecular, poderão ocorrer interações em grau muito mais intenso do que se eles estiverem sob a condição de partículas grosseiras.

Quando a dispersão ocorre em grau máximo, tem-se a solução de um material no outro, e resulta em uma única fase, conforme já anteriormente discutido. Quando isso não ocorre, há separação de fases, e a interface entre o componente em menor quantidade e a matriz é de fundamental importância para o desempenho do produto final.

A forma das partículas do componente estrutural deve ser escolhida em função das propriedades visadas no produto. Se for o aumento da resistência à tração, a forma de fibra, que permite orientação macromolecular em uma direção, pode ser mais vantajosa. Se for a melhoria da resistência ao impacto, a forma de partículas globulares poderá atender melhor aos objetivos, pela dispersão de domínios mais macios na massa, que absorvem a energia do choque. Se o produto for uma lâmina, a forma de plaqueta poderá ser mais conveniente, de acordo com o processo de fabricação do artefato. Em qualquer dos casos, a interação entre a fase dispersa e a fase matricial depende da grandeza da área de contato e da afinidade entre os componentes.

Assim, em uma mistura polimérica, os constituintes podem interagir entre si, a nível molecular — resultando uma única fase (sistema miscível), ou interagir somente na interface — ocorrendo mais de uma fase (sistema imiscível), com compatibilidade parcial, ou ainda apenas coexistir, havendo incompatibilide. Quando a afinidade química é muito pequena, a adição de um terceiro componente de ação compatibilizante é fundamental.

A compatibilidade entre os componentes das misturas poliméricas imiscíveis é de grande importância para o desempenho da mistura. Quando há incompatibilidade, a interface é a região mais fraca; é o local onde ocorre a falha do material. Isto é, bem observado em sistemas elastômero-carga *inerte*, como $SBR-CaCO_3$, em que a resistência à tração cai pronunciadamente na mistura vulcanizada. Já se o segundo componente for compatível, como no caso do sistema SBR-negro de fumo, as propriedades tênseis da mistura vulcanizada tornam-se muito melhoradas, e a carga é dita *reforçadora*. Nos sistemas imiscíveis polímero-polímero, efeito semelhante é observado.

No entanto, mesmo com a compatibilidade em seu grau máximo, encontrada em sistemas unitários, quando o polímero é altamente cristalino pode ocorrer a imiscibilidade da fase cristalina na fase amorfa. Isto pode ser resumido na afirmativa de que a compatibilidade é condição necessária, mas não suficiente para que ocorra a miscibilidade.

Em misturas amorfas binárias imiscíveis, a rigidez, a resistência mecânica e a temperatura de distorção ao calor do componente principal determinam em alto grau as propriedades da mistura. Em contraste com a dependência linear mostrada por composições amorfas binárias miscíveis, há algumas vantagens em obter misturas imiscíveis. Baixo alongamento e propriedades insatisfatórias de resistência ao impacto estão relacionadas à má transferência das forças entre as fases da mistura imiscível. Como a imiscibilidade está relacionada a fracas interações a nível molecular, é de se esperar que as forças de adesão entre as fases sejam muito precárias nessas misturas, e causem falha prematura, sob tensão.

O processamento tem grande papel na distribuição das fases e nas propriedades das misturas poliméricas imiscíveis. Baixa difusão segmental é consequência de imiscibilidade; daí resultam interfaces definidas e pouca resistência na junção entre a matriz e as partículas dispersas. A estabilização da morfologia das fases nas misturas imiscíveis é conseguida pela adição de um compatibilizante.

Do ponto de vista de aplicação prática, as misturas poliméricas imiscíveis são as mais importantes.

Nas misturas miscíveis de dois polímeros predominantemente amorfos, as propriedades variam progressivamente com a composição da mistura. Essa variação corresponde ao esperado de uma solução de um componente em outro. Se pelo menos um dos polímeros é predominantemente cristalino, as regiões ordenadas se comportam como componentes imiscíveis, e se revelam a partir de certos limites, que dependem da história térmica decorrente do processamento da mistura. Mesmo quando se trata de apenas um polímero, porém de alta cristalinidade, as regiões cristalinas na massa criam heterogeneidade, fazendo com que esse material se comporte como se as duas fases, amorfa e cristalina, fossem dois componentes diferentes, resultando mistura imiscível.

Quando os componentes da mistura polimérica são imiscíveis, uma situação totalmente diferente é criada. Algumas das proprie-

POLÍMEROS COMO MATERIAIS DE ENGENHARIA

dades da mistura são melhoradas, ao mesmo tempo que outras são pioradas, porém não linearmente, ao contrário do que se observa nas misturas miscíveis já discutidas (*Figura 31*). O diagrama de propriedade *versus* composição pode apresentar forma sigmóide, totalmente diferente conforme a propriedade considerada. Por exemplo, uma mistura de A com B pode apresentar o máximo de resistência ao impacto, e o mínimo de rigidez, a x% de A. Nas misturas de importância industrial, os componentes escolhidos geralmente possuem características bem diferentes, e a variação das propriedades pode ser marcante.

Nas misturas imiscíveis, as dimensões das partículas e o grau de dispersão de uma fase na outra são de grande importância para o desempenho tecnológico. É frequente tentar-se melhorar a resistência ao impacto de polímeros rígidos que já têm uma série de características convenientes, exceto a fragilidade. Para isso, dispersa-se no polímero rígido um componente macio, borrachoso, cujas partículas atuam como regiões de distribuição de tensões, por subdivisão da força aplicada em forças menores, evitando que as fraturas maiores se propaguem, aumentando, assim, a resistência ao impacto. Outro fator a ser considerado é a ancoragem de cada fase, uma na outra, causada pela adesão interfacial. Este efeito pode ser conseguido de diversas maneiras. Uma delas é a adição de uma substância que tenha afinidade química por ambas as fases da mistura polimérica. Este *compatibilizante* pode ser ou não de natureza macromolecular. Quando polimérico, pode resultar da copolimerização aleatória dos monômeros correspondentes aos polímeros que irão compor a liga polimérica, com as considerações de caráter econômico daí decorrentes. A adesão interfacial de dois polímeros também pode resultar de incorporação à massa de polímeros que tenham em sua estrutura segmentos em bloco de cada um dos tipos de mero, tanto na cadeia principal quanto sob a forma de ramificações pendentes ("grafts"). A *Figura 32* permite visualizar as diversas maneiras de melhorar a adesão interfacial. Exemplos de compatibilizantes não-poliméricos são os emulsificantes.

As principais misturas poliméricas imiscíveis industriais são apresentadas no *Quadro 41*, no qual não estão incluídas as misturas elastoméricas (como borrachas termoplásticas). Nota-se que os polímeros dominantes mais comuns são PVC, PC e PA, e os polímeros modificadores, em menor proporção na mistura, são os ma-

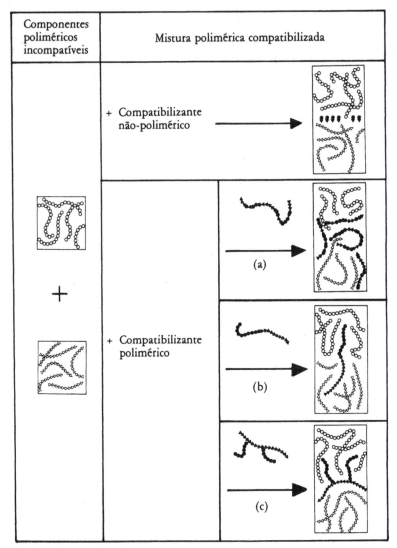

(a) Copolímero aleatório
(b) Copolímero em bloco
(c) Copolímero enxertado ou graftizado

**Figura 32.** Representação gráfica da compatibilização interfacial a nível molecular

**Quadro 41**. Principais misturas poliméricas imiscíveis industriais

| Polímero principal em maior proporção | Polímero modifica-dor (em menor propo-ção) | Característica visada para modificação, comparada à do polímero principal | | | | | | | | | Nome comercial | Fabricante | Aplicações especiais | Observações |
|---|---|---|---|---|---|---|---|---|---|---|---|---|---|---|
| | | Maior re-sistência ao im-pacto a baixas temperaturas | Melhor processa-bilidade | Melhor resistên-cia a rea-gentes e solventes | Menor custo | Melhor resistên-cia às in-tempéries | Melhor resistên-cia à abrasão | Melhor estabili-dade di-mensio-nal | Maior tempera-tura de distorção ao calor | | | | |
| PP | EPDM | x | | | | | | | | PP-EPDM TPR PP-EPDM PP-EPDM | Norcon* DuPont PPH* Poliderivados* | Parachoques de carro, mangueiras e ga-xetas; isolamento de cabos. | — |
| PS | BR | x | | | | | | | | Bapolan Superflex | Bamberger Hammond | Artigos de uso geral: copos, bandejas, embalagens descartáveis. Artigos ele-trodomésticos e de escritório, indústria automobilística. | HIPS |
| PVC | ASA | | x | | | x | | | x | DKE Geloy Kydex | Sumitomo GE Rohm & Haas | Perfis rígidos para janelas, painéis, tubos para esgoto. | ASA = Poli(S-AN-RA-g-BR) RA = Acrilato de alquila |
| | ABS | x | x | | | | | | | Polyman Abson Cycovin Lustran | Schulman Mobay Borg-Warner Monsanto | Pisos para local de trânsito intenso, car-caças para equipamento doméstico e de escritório, elemento estrutural para malas, componentes elétricos. | — |
| | EVAL | x | x | | | x | | | | Sumigraft | Sumitomo | Tubos, eletrodutos, placas divisórias. | — |
| | PU | x | x | | | x | | | | Vythene | Alpha | Solados de sapato e artigos resistentes a óleo. | — |
| SAN | EPDM | x | x | | | x | | | | Rovel | Dow | Equipamentos para recreação, cascos de bote, suportes de painel solar. | — |

**Quadro 41**. Principais misturas poliméricas imiscíveis industriais (continuação)

| Polímero principal em maior proporção | Polímero modificador (em menor proporção) | Característica visada para modificação, comparada à do polímero principal | | | | | | | | | | Nome comercial | Fabricante | Aplicações especiais | Observações |
|---|---|---|---|---|---|---|---|---|---|---|---|---|---|---|---|
| | | Maior resistência ao impacto a baixas temperaturas | Melhor processabilidade | Melhor resistência a reagentes e solventes | Menor custo | Melhor resistência às intempéries | Melhor resistência à abrasão | Melhor estabilidade dimensional | Maior temperatura de distorção ao calor | | | | | | |
| PC | ABS | x | x | x | x | | | | | | | Bayblend Cycoloy Polyman ABS-PC 950 | Mobay Borg-Warner Schulman Coplen * | Indústria automobilística, em anéis para farol, carcaças para equipamento de escritório. | — |
| | PBT + elastômero | | | x | | | | | | | | Xenoy Makroblend Valox | GE Bayer GE | Indústria automobilística, em parachoques e partes externas de carro; carcaças de máquina pesada, tubulações. | Propriedades intermediárias entre PC e ABS |
| | PSMAn | | | x | x | | | | | | | Arloy | Arco | Indústria automobilística, em utensílios para aquecimento e processamento de alimentos; componentes para câmera, carcaças de equipamento doméstico. | PSMAn = Copoli(estireno-anidrido maleico) |
| | PBT | | | x | | | | | | | | Makroblend Xenoy Xenoy | Mobay GE Coplen * | Indústria automobilística, em parachoques, painéis, lanternas; carcaças de máquina de escritório. | — |
| | PET | | | x | x | | | | | | | Makroblend Merlon Xenoy Melitex | Mobay Mobay GE ICI | Indústria automobilística em que se exija contato com fluidos, parachoques, carcaças de máquina pesada. Filmes transparentes ou translúcidos para artes gráficas e isolamento elétrico de motores, componentes e fios. Filmes para radiografia, aplicações médicas em catéteres intravenosos e filtros para sangue. | Pode ser transparente |
| | ASA | x | x | | | x | | | | | | Terblend | BASF | Indústria automobilística; carcaças de eletrodomésticos. | — |
| PET | Elastômero | x | x | | | | | | | | | Rynite | DuPont | Indústria automobilística em partes de carroceria, volantes, componentes internos de veículos. | — |
| | PMMA | | | | x | | | | x | | | Ropet | Rohm & Haas | Indústria eletro-eletrônica. | — |

# Quadro 41. Principais misturas poliméricas imiscíveis industriais (conclusão)

| Polímero principal em maior proporção | Polímero modificador (em menor proporção) | Característica visada para modificação, comparada à do polímero principal | | | | | | | | Nome comercial | Fabricante | Aplicações especiais | Observações |
|---|---|---|---|---|---|---|---|---|---|---|---|---|---|
| | | Maior resistência ao impacto a baixas temperaturas | Melhor processabilidade | Melhor resistência a reagentes e solventes | Menor custo | Melhor resistência às intempéries | Melhor resistência à abrasão | Melhor estabilidade dimensional | Maior temperatura de distorção ao calor | | | | |
| PBT | PET | x | | x | | | | x | | Valox Celanex | GE Celanese | Indústria eletro-eletrônica, carcaças para aparelhos domésticos que sofrem aquecimento. | Comumente usado com carga de vidro |
| | PC | x | | | | | | x | | Xenoy | GE | — | — |
| | Elastômero | x | | | | | | | | Gaftuf Pocan | GAF Mobay | — | — |
| PA | PE | x | | x | | | | | | Selar Kapron | DuPont Allied | Tanques de gasolina. | P(E-g-MA): 0,4% MA; MA = acrilato de metila |
| | PU | x | | | | | x | | | Durethan | Bayer | — | PU termoplástico |
| | EPDM | x | | x | | | | | | Zytel | DuPont | Indústria automobilística, contentores, material esportivo. | MAn = anidrido maleico |
| | ABS | x | | | | | | | | Elemid | Borg-Warner | Indústria automobilística em painéis e componentes. | ABS tipo G |
| PPO | PA | | x | x | | | | | | Noryl GTX Noryl GTX | GE Coplen * | Indústria automobilística em calotas, paralamas, suporte de retrovisores e componentes externos, aplicações médicas, material esportivo. | — |
| | HIPS | x | x | | x | | | | | Noryl Noryl Prevex Kyron Upiace | Coplen * GE GE Asahi Mitsubishi | Indústria automobilística, indústria eletro-eletrônica, componentes de aparelhos domésticos e de escritório. | — |
| PPS | PTFE | | | | | x | | | x | BR | Philips | Selos, válvulas e mancais. | — |
| PSF | ABS | | x | x | | | | | | Mindel Arylon | Amoco DuPont | Indústria automobilística em parachoques, painéis, componentes para circuitos integrados e motores, peças metalizadas por eletrodeposição, bandejas para restaurantes populares, torneiras, encanamentos. | — |
| | PET | | | | | | x | | | Mindel | Amoco | Indústria de alimentos em equipamentos para processamento a quente. | — |

* No Brasil.

teriais elastoméricos EPDM e BR, e ABS. Na maioria dos casos, o objetivo é elevar a resistência ao impacto, especialmente a baixas temperaturas. Outras qualidades também visadas para valorização são: melhoria da processabilidade, aumento da resistência a intempéries e menor custo.

Quando os componentes da mistura imiscível apresentam grupamentos éster ou amida, durante o processamento podem ocorrer reações de transesterificação, transamidação ou transamido-esterificação, resultando produtos mais firmemente interligados, pela formação de ligações químicas covalentes entre os diversos componentes da mistura. Essas reações favorecem a miscibilidade, e a mistura pode passar a monofásica. Também pela exposição ao calor durante o processamento, pode resultar a formação de ligações cruzadas, tornando-se a massa insolúvel e infusível, antes de assumir a forma final da peça — assim, inadequada à moldagem e insersível.

As misturas poliméricas têm vantagens significativas, tanto para materiais de uso geral quanto para a valorização técnica dos polímeros, singularizando o seu perfil de propriedades, de modo a permitir o atendimento de conjuntos muito especiais de qualificações.

A tentativa de substituir materiais de engenharia tradicionais, encontrados na natureza, por produtos sintéticos de propriedades engenhosamente projetadas, visando benefícios de custo e mantendo a confiabilidade, motivou o desenvolvimento dos compósitos poliméricos.

### 2.2.1. Compósitos

Os *compósitos* representam um caso de particular importância dentro do grupo das misturas poliméricas imiscíveis. De uma forma bastante abrangente, pode-se dizer que os compósitos constituem uma classe de materiais heterogêneos, multifásicos, podendo ser ou não poliméricos, em que um dos componentes, descontínuo, dá a principal resistência ao esforço (*componente estrutural*), e o outro, contínuo, é o meio de transferência desse esforço (*componente matricial*). Esses componentes não se dissolvem ou

POLÍMEROS COMO MATERIAIS DE ENGENHARIA

se descaracterizam completamente; apesar disso, atuam concertadamente, e as propriedades do conjunto são superiores às de cada componente individual. A interface entre eles tem influência dominante sobre as suas características. São em geral empregados como materiais de engenharia, formados por elementos de reforço em grau variável de ordenação, que se distribuem em uma matriz flexível.

Os principais componentes dos compósitos empregados como materiais de engenharia são apresentados no *Quadro 42*.

**Quadro 42.** Principais componentes dos compósitos empregados como materiais de engenharia

| Componente | Natureza | | Exemplos |
|---|---|---|---|
| Estrutural | Fibrosa | Contínua | Fibra de poliamida aromática<br>Fibra de carbono<br>Fibra de boro<br>Fibra de vidro<br>Fibra de carboneto de silício<br>Fibras metálicas (alumínio, tungstênio, aço) |
| | | Descontínua | Fibra de cerâmica<br>Fibra de grafite<br>Fibras metálicas (ferro, cobre)<br>Fibras monocristalinas (''whiskers'') |
| | Pulverulenta | | Negro de fumo<br>Sílica |
| Matricial | Termoplástica | | Poliamidas alifáticas<br>Policarbonato<br>Poli(sulfeto de fenileno)<br>Poli(óxido de metileno)<br>Poli-sulfonas<br>Policetonas<br>Poli(tereftalato de butileno) |
| | Termorrígida | | Resina epoxídica<br>Resina fenólica<br>Poliéster insaturado<br>Poli-imidas |

O *componente estrutural* pode ser um material orgânico ou inorgânico (metálico ou cerâmico), de forma regular ou irregular, fibroso (tecido ou não-tecido) ou pulverulento (esférico ou cristalino), com os fragmentos achatados (como flocos) ou como fibras muito curtas, de dimensões quase moleculares, de material monocristalino ("whisker"). Quando combinados com polímeros de alta resistência ao calor, as temperaturas de aplicação desses compósitos podem chegar a 900°C, enquanto que, com os materiais termoplásticos comuns, essas temperaturas não ultrapassam 100°C, e com os termorrígidos, 300°C.

Os materiais estruturais devem ter resistência, rigidez e maleabilidade, que geralmente se encontram nas fibras. O seu papel é suportar as cargas máximas e impedir que as deformações ultrapassem limites aceitáveis. Quando associados a componentes resinosos, resultam materiais que apresentam resistência mecânica muito elevada. Em relação ao peso, os compósitos revelam propriedades mecânicas que podem exceder consideravelmente às dos metais. As características das fibras de maior importância industrial em compósitos especiais estão relacionadas no *Quadro 43*.

O *componente matricial* é quase sempre um polímero orgânico macio ou duro, termoplástico ou termorrígido. O papel da matriz é manter a orientação das fibras e seu espaçamento, transmitir as forças de cisalhamento entre as camadas de fibras (para que o compósito resista a dobras e a torções) e proteger a fibra de danos superficiais.

Quanto à *interface*, de importância fundamental nos compósitos, devem ser lembradas as considerações já anteriormente feitas. É comum melhorar a interface através do tratamento do componente estrutural com um agente compatiblizante. Por exemplo, fibras de vidro são tratadas usualmente com silanos, para melhor compatibilização às matrizes de poliéster ou de resina epoxídica.

Dentro desse contexto, o corpo humano pode ser considerado um compósito de extrema complexidade, constituído de múltiplos componentes estruturais — ossos, dentes, músculos — e diversos componentes matriciais — gorduras, proteínas. Da mesma forma, os demais seres vivos, animais e vegetais, também podem ser vistos como materiais compósitos. A *figura 33* mostra uma parte do caule de uma palmeira, em que se destaca a estrutura de resistência,

**Quadro 43.** Características das principais fibras empregadas em compósitos

| Fibra | Densidade (g/cm³) | Resistência à tração (GPa) | Módulo de elasticidade (GPa) | Temperatura de fusão (°C) |
|---|---|---|---|---|
| Vidro | 2,5-2,6 | 3,5-4,5 | 73-87 | > 700 |
| Cerâmica | 2,5-4,0 | 2,4-20,0 | 430-450 | Infusível |
| Carbono | 1,7-1,9 | 2,1-2,8 | 230-400 | Infusível |
| Poliamida aromática | 1,4-1,5 | 2,7-3,5 | 60-130 | Infusível |
| Aço | 7,7 | 4,4 | 2.000 | 1.400-1.500 |
| Boro | 2,6 | 3,9 | 410 | 2.300 |

**Figura 33.** Compósito natural — Parte do caule de uma palmeira

já seca, em cujos interstícios havia o componente matricial, formado por material polissacarídio geleificado, em meio aquoso.

Também sistemas totalmente inorgânicos podem ser incluídos entre os compósitos: por exemplo, um poste de concreto, cujo componente estrutural é representado pela armação metálica, e o componente matricial, pela massa de cimento.

Para as propriedades mecânicas dos compósitos contribuem as duas fases: a fase estrutural, geralmente com módulo alto e elevada resistência mecânica, representada por um material fibroso, e a fase matricial, com módulo baixo e grande alongamento, tipicamente constituída de um material plástico, não quebradiço. A combinação de excelentes propriedades mecânicas e leveza estrutural torna os compósitos interessantes materiais de aplicação em

**Quadro 44.** Principais compósitos poliméricos de aplicação em engenharia

| Componente | | Aplicações típicas |
|---|---|---|
| **Estrutural (fibra)** | **Matricial (resina)** | |
| Vidro | Poliéster insaturado | Telhas corrugadas, carcaças de carro, cascos de barco, piscinas, tanques, silos, reatores de pressão |
| Vidro | Resina epoxídica | Circuitos impressos, componentes para a indústria eletrônica |
| Celulose | Resina fenólica | Laminados para revestimento de móveis e divisórias, engrenagens, circuitos impressos |
| Celulose | Resina ureica | Placas de madeira compensada |
| Carbono | Poli-imida | Peças para indústria aeronáutica e aeroespacial, resistentes ao calor |
| Carbono | Resina epoxídica | Material esportivo, aerofólios de carros de corrida, reatores industriais |
| Poliamida aromática | Resina epoxídica | Tubulações resistentes a pressão para a indústria de petróleo |
| Poliamida aromática | Poli-imida | Peças resistentes ao calor para as indústrias aeronáutica e aeroespacial |
| Poliéster saturado | Poli(cloreto de vinila) | Lonas para cobertura da carga de caminhões |

engenharia. Um exemplo típico desse sistema é o poliéster reforçado com fibra de vidro, que é o compósito mais comum, denominado abreviadamente GRP ("glass reinforced polyester"). O *Quadro 44* apresenta os principais reforços e matrizes empregados nos compósitos.

Destaque especial deve ser dado às fibras de carbono e de poliamidas aromáticas (Aramid, Kevlar). Essas fibras trazem aos compósitos uma série de qualidades: maior rigidez, maior resistência mecânica, menor peso, maior resistência à fadiga, menor expansão térmica, maior condutividade térmica e elétrica, melhor blindagem eletromagnética; como inconvenientes, apresentam alto custo e limitação de cor.

Resinas epoxídicas são compatíveis com todas as fibras e são as mais comumente empregadas em compósitos dos quais é exigido alto desempenho.

Os compósitos são principalmente usados nas seguintes indústrias: mecânica de precisão (relógios, máquinas de costura), automobilística (peças que se movem com alta velocidade e têm contato com metais, para evitar aglomeração de poeira resultante do desgaste dos metais), aeronáutica, aeroespacial, ótica, médica e de material esportivo (equipamentos de pesca, peças para esqui, raquetes de tênis).

### Bibliografia recomendada

— H. Palmour III — "Ceramics" em "Kirk-Othmer Encyclopedia of Chemical Technology", vol. 4, John Wiley, New York, 1967, pág. 759.

— P. Vachet — "Aluminum and Aluminum Alloys", em "Kirk-Othmer Encyclopedia of Chemical Technology", vol. 1, John Wiley, New York, 1963, pág. 929.

— J.A. Varela — "Cerâmica de Alta Tecnologia no Brasil", Brasil Ciência 5, Ministério da Ciência e Tecnologia, 1988.

— F.H. Norton — "Introdução à Tecnologia Cerâmica", Editora Edgard Blücher, São Paulo, 1973.

— N.M. Bikales — "Nomenclature", em H.F. Mark, N.M. Bikales, C.G. Overberger & G. Menges, "Encyclopedia of Polymer Science and Engineering", vol. 10, John Wiley, New York, 1987, pág. 191.

— W.V. Metanomski — "Compendium of Macromolecular Nomenclature", IUPAC 11/83, Doc. 2, 1989.

— J.E. Dohany, A.A. Dikert & S.S. Preston — "Vinylidene Fluoride Polymers", em H.F. Mark, N.M. Bikales & C.G. Overberger, "Encyclopedia of Polymer Science and Technology", vol. 14, John Wiley, 1971, pág. 600.

— "Ultem Resin — Polyetherimide Resin — An Introduction to Material Properties and Processing", Boletim técnico, General Electric Co., Pittsfield.

— "Ryton Polyphenylene Sulfide Resins and Compounds" — Boletim técnico, Phillips Chemical Co., Bartlesville.

— "Victrex PES", Boletim técnico, ICI, n? VX101, 1978.

— "Victrex PEEK — A Guide to Grades for Injection Moulding", Boletim técnico, ICI, n? VKT1/0286, 1985.

— "Polyimide Film Upilex", Boletim técnico, ICI Films, Wilmington, 1988.

— R.T. Woodhams — "History and development of engineering resins", *Polymer Engineering and Science*, vol. 25, pág. 8, 1985.

— "Specialty Polymer Materials in Japan", The Japan Industrial & Technological Bulletin, n? 21, 1985.

— "Advances in Material Technology", United Nations Industrial Development Organization, n? 6, 1986.

— H. Rudolph, "Some aspects of the future course of Polymer research in industry", *Polymer Journal*, vol. 17, pág. 13, 1985.

— "Vectra, High-Performance Resins", Boletim técnico, Celanese, São Paulo, 1987.

— E.B. Mano — "Novos Materiais Poliméricos no Brasil", Brasil Ciência 6, Ministério da Ciência e Tecnologia, 1988.

— D.C. Clagett — "Engineering Plastics", em H.F. Mark, N.M. Bikales, C.G. Overberger & G. Menges, "Encyclopedia of Polymer Science and Engineering", vol. 6, John Wiley, New York, 1986, pág. 94.

— D. Domininghaus — "High-performance plastics", *International Polymer Science and Technology*, vol. 15, pág. 11, T/8, 1988.

— J.J. Coughlan — "Ultrahigh Molecular Weight Polyethylene", em H.F. Mark, N.M., Bikales, C.G. Overberger & G. Menges, "Encyclopedia of Polymer Science and Engineering", vol. 6, John Wiley, New York, 1986, pág. 490.

— J. Preston — "Polyamides, Aromatic", em H.F. Mark, N.M. Bikales, C.G. Overberger & G. Menges, "Encyclopedia of Polymer Science and Engineering", vol. 11, John Wiley, New York, 1988, pág. 381.

— R. May — "Polyetheretherketones", em H.F. Mark, N.M. Bikales,

POLÍMEROS COMO MATERIAIS DE ENGENHARIA

C.G. Overberger & G. Menges, "Encyclopedia of Polymer Science and Engineering", vol. 12, John Wiley, New York, 1988, pág. 313.
— I. Goodman — "Polyesters", em H.F. Mark, N.M. Bikales, C.G. Overberger & G. Menges, "Encyclopedia of Polymer Science and Engineering", vol. 12, John Wiley, New York, 1988, pág. 1.
— D.R. Paul, J.W. Barlow & H. Keskkula — "Polymer Blends", em H.F. Mark, N.M. Bikales, C.G. Overberger & G. Menges, "Encyclopedia of Polymer Science and Engineering", vol. 12, John Wiley, New York, 1988, pág. 399.
— H. Rudolph — "Polymer blends — Current state of progress and future developments from an industrial viewpoint", *Macromolecular Chemistry, Macromolecular Symposium*, vol. 16, pág. 57, 1988.
— H.F. Giles, Jr. — "Alloys and Blends", em "Modern Plastics Encyclopedia", McGraw-Hill, New York, 1988, pág. 14.
— H. Domininghaus — "Polymer blends: filled, reinforced, elasticised", Part I, *International Polymer Science and Technology*, pág. 12, T/7, 1988.
— H. Domininghaus — "Polymer blends: filled, reinforced, elasticised — An ideal material made to order", *International Polymer Science and Technology*, vol. 16, pág. 2, T/1, 1989.
— B.Z. Jang, D.R. Uhlmann & T.B. Sande — "The rubber particle size dependence of crazing in polypropylene", *Polymer Engineering and Science*, vol. 25, pág. 10, 1985.
— Y. Oyanagi — "Liquid crystal polymer blends (I)", *Techno Japan*, vol. 21, pág. 12, 1988.
— D.W. Fox & R.B. Allen — "Compatibility", em H.F. Mark, N.M. Bikales, C.G. Overberger & G. Menges, "Encyclopedia of Polymer Science and Engineering", vol. 3, John Wiley, New York, 1985, pág. 758.
— D. Hull — "An Introduction to Composite Materials", Cambridge University Press, Cambridge, 1981.
— F.P. Gerstle, Jr. — "Composites", em H.F. Mark, N.M. Bikales, C.G. Overberger & G. Menges, "Encyclopedia of Polymer Science and Engineering", vol. 3, John Wiley, New York, 1985, pág. 776.
— G. Lubin — "Handbook of Fiberglass and Advanced Plastics Composites", van Nostrand Reinhold, New York, 1969.

# Capítulo 4

# PERFIS DE PROPRIEDADES DOS POLÍMEROS

A avaliação dos materiais poliméricos sintéticos como materiais de engenharia é feita de acordo com o conjunto de suas propriedades, em comparação aos materiais clássicos: madeiras, cerâmicas, vidros e metais. Essa visão abrangente do uso potencial de cada polímeros pode ser obtida através da representação gráfica das propriedades.

Neste livro, foram preparados os *Perfis de Propriedades* dos principais polímeros, com base em uma sequência arbitrária, regular, dos valores numéricos correspondentes às características mais significativas. As propriedades foram numeradas em sequência, conforme mostrado no *Quadro 45*. Esses Perfis são apresentados para polietileno de baixa densidade (*Figura 34*), polietileno de alta densidade (*Figura 35*), polipropileno (*Figura 36*), poliestireno (*Figura 37*), poli(cloreto de vinila) (*Figura 38*), poli(tetraflúor-etileno) (*Figura 39*), poli(acetato de vinila) (*Figura 40*), poli(metacrilato de metila) (*Figura 41*), poliacrilonitrila (*Figura 42*), resina epoxídica (*Figura 43*), poli(tereftalato de etileno) (*Figura 44*), policarbonato (*Figura 45*), poli(ftalato-maleato de propileno) estirenizado reforçado com fibra de vidro (*Figura 46*), poliamida-6 (*Figura 47*), poliamida-11 (*Figura 48*), poliamida-6,6 (*Figura 49*), poliamida-6,10 (*Figura 50*), resina de fenol-formaldeído (*Figura 51*), resina de uréia-formaldeído (*Figura 52*), resina de melamina-formaldeído (*Figura 53*), poliuretanos (*Figura 54*) e borracha natural (*Figura 55*). Para fins de comparação, também foram elaborados os Perfis de Propriedades de materiais de engenharia tradicionais, como cerâmicas (*Figura 56*), vidros (*Figura 57*), alumínio (*Figura 58*), cobre (*Figura 59*) e aço (*Figura 60*).

**Quadro 45.** Código numérico representativo das principais propriedades dos polímeros

| Código | Propriedades | | Unidade | Figura (Nº) |
|---|---|---|---|---|
| 1 | Mecânicas | Resistência à tração | kgf/mm$^2$ | 2 |
| 2 | | Alongamento na ruptura | % | 3 |
| 3 | | Módulo de elasticidade | kgf/mm$^2$ | 4 |
| 4 | | Resistência à compressão | kgf/mm$^2$ | 5 |
| 5 | | Resistência à flexão | kgf/mm$^2$ | 6 |
| 6 | | Resistência ao impacto | kgf·mm/mm | 7 |
| 7 | Térmicas | Calor específico | cal/(g·°C) | 7 |
| 8 | | Condutividade térmica | $10^{-4}$ cal/(cm·s·°C) | 9 |
| 9 | | Coeficiente de expansão térmica linear | $10^{-4}$/°C | 10 |
| 10 | | Temperatura de fusão cristalina ($T_m$) | °C | 11 |
| 11 | | Temperatura de transição vítrea ($T_g$) | °C | 12 |
| 12 | | Temperatura de distorção ao calor (HDT) | °C | 13 |
| 13 | Elétricas | Rigidez dielétrica | kV/mm | 14 |
| 14 | | Resistividade volumétrica | Ohm·cm | 15 |
| 15 | | Constante dielétrica | — | 16 |
| 16 | Óticas | Índice de refração | — | 17 |
| 17 | Outras | Densidade | — | 18 |
| 18 | | Permeabilidade ao nitrogênio | $(10^{-10} cm^2)/s\cdot cmHg$ | 19 |
| 19 | | Permeabilidade ao dióxido de carbono | $(10^{-10} cm^2)/s\cdot cmHg$ | 20 |
| 20 | | Permeabilidade a vapor dágua | $(10^{-10} g)/(cm\cdot s\cdot cm\ Hg)$ | 21 |

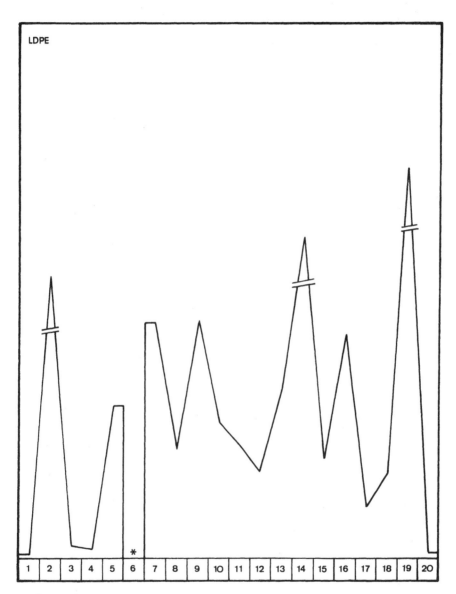

* Não aplicável

**Figura 34**. Polietileno de baixa densidade

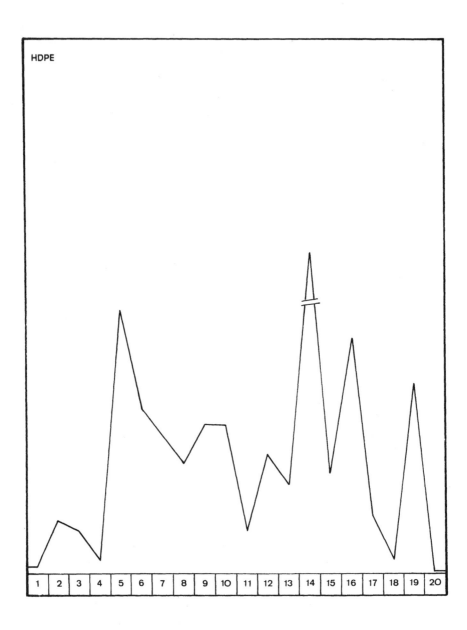

**Figura 35**. Polietileno de alta densidade

POLÍMEROS COMO MATERIAIS DE ENGENHARIA 137

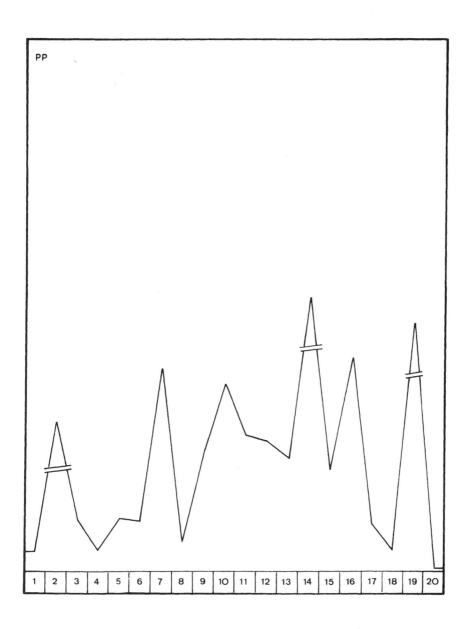

**Figura 36**. Polipropileno

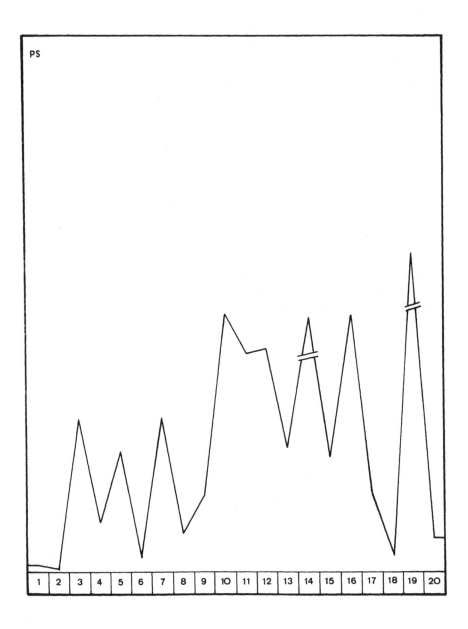

**Figura 37.** Poliestireno

POLÍMEROS COMO MATERIAIS DE ENGENHARIA 139

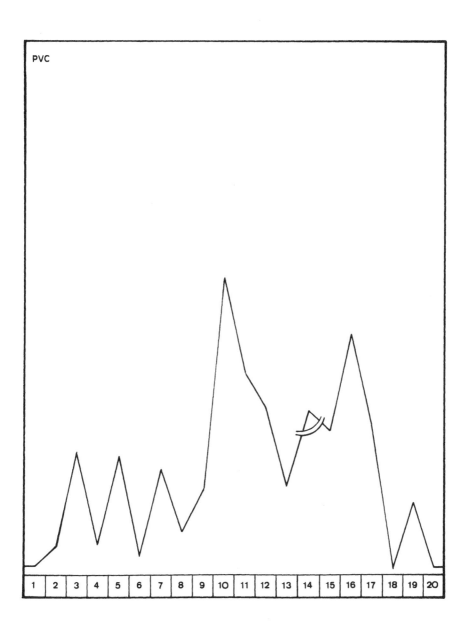

**Figura 38**. Poli(cloreto de vinila)

140

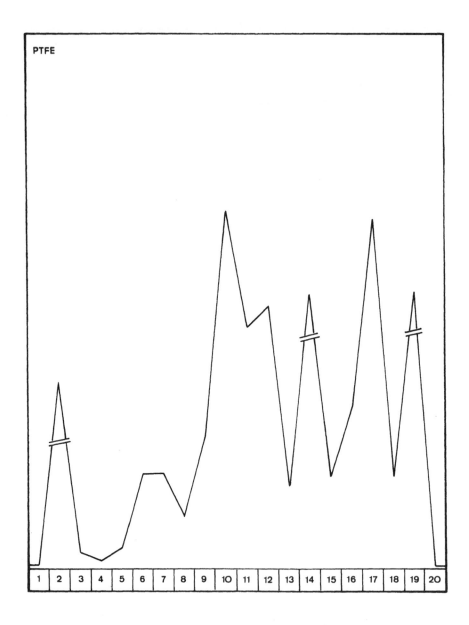

**Figura 39.** Poli(tetraflúor-etileno)

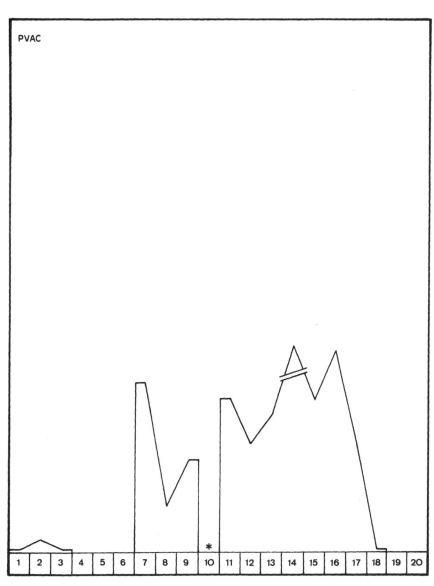

* Não aplicável

**Figura 40**. Poli(acetato de vinila)

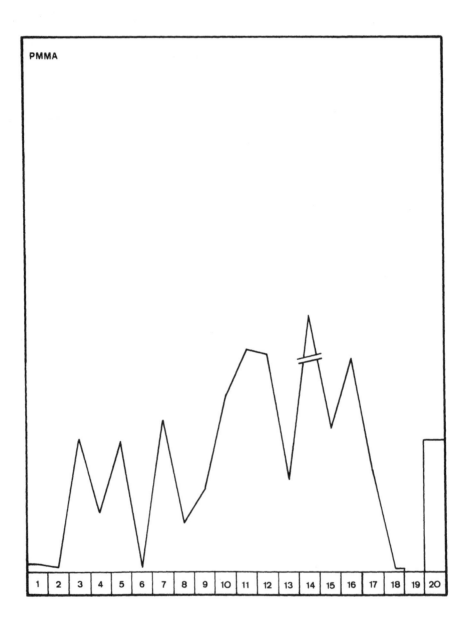

**Figura 41.** Poli(metacrilato de metila)

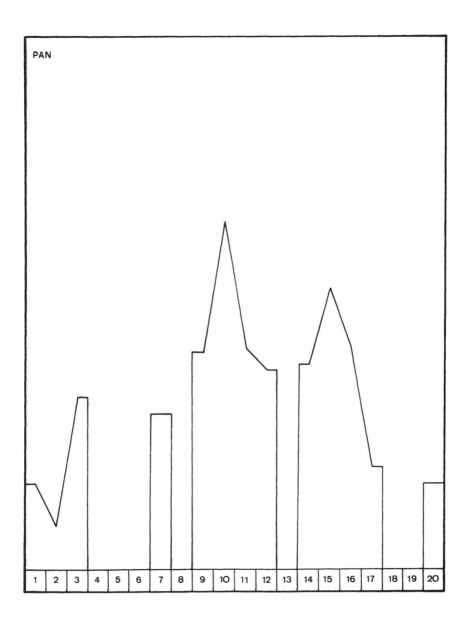

**Figura 42**. Poliacrilonitrila

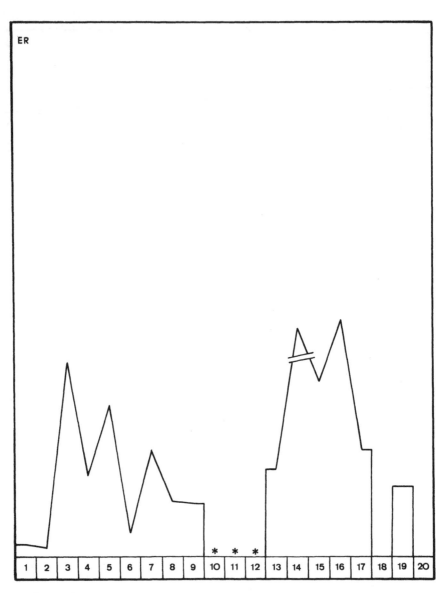

*Não aplicável

**Figura 43**. Resina epoxídica

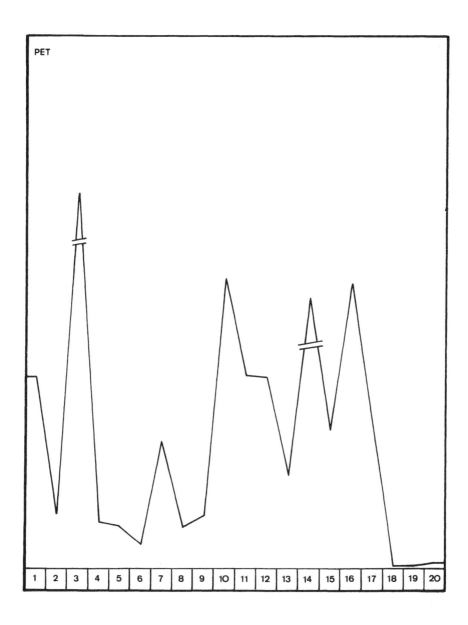

**Figura 44.** Poli(tereftalato de etileno)

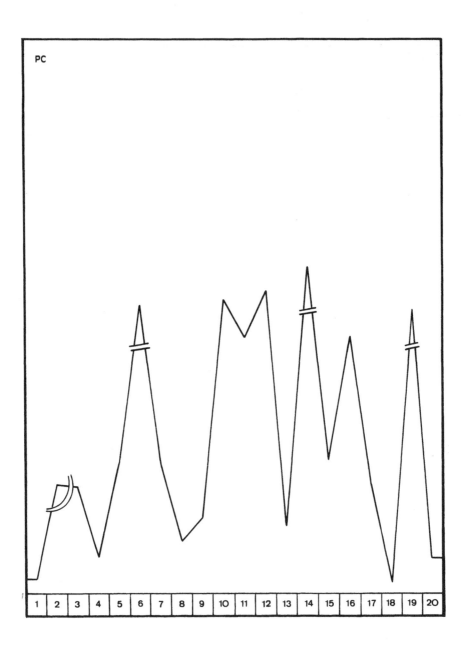

**Figura 45**. Policarbonato

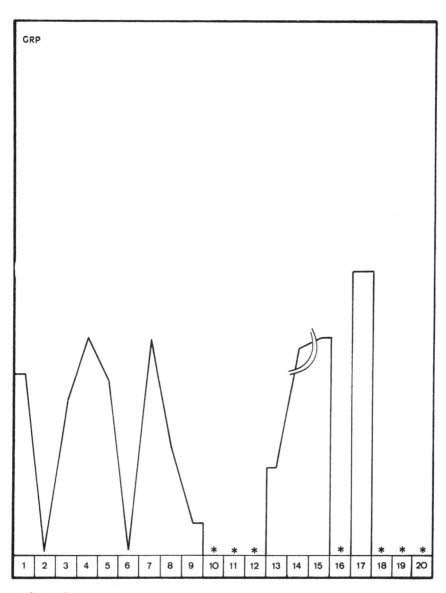

\* Não aplicável

**Figura 46**. Poli(ftalato-maleato de propileno) estirenizado reforçado com fibra de vidro

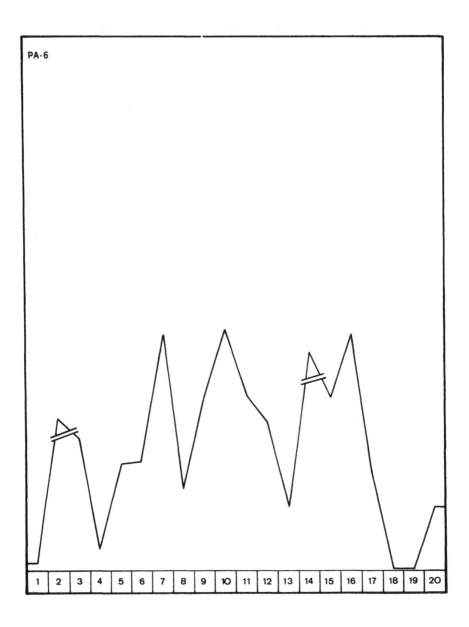

**Figura 47**. Poliamida-6

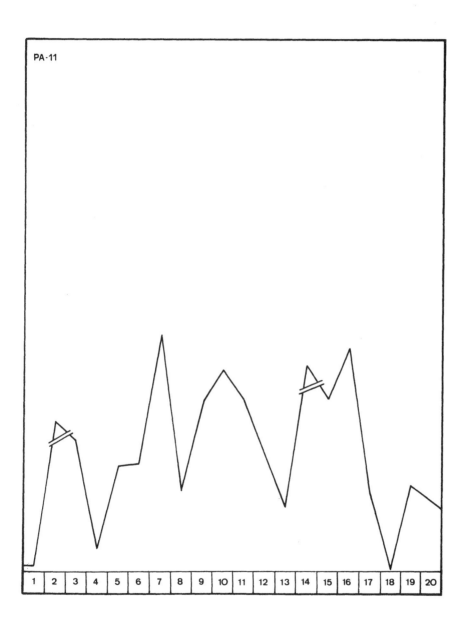

**Figura 48**. Poliamida-11

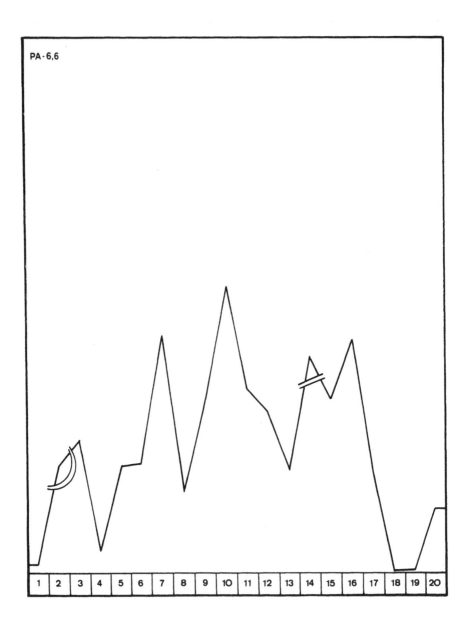

**Figura 49**. Poliamida-6,6

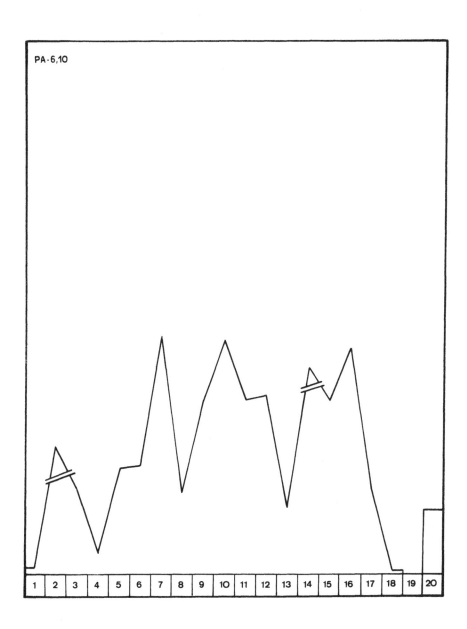

Figura 50. Poliamida-6,10

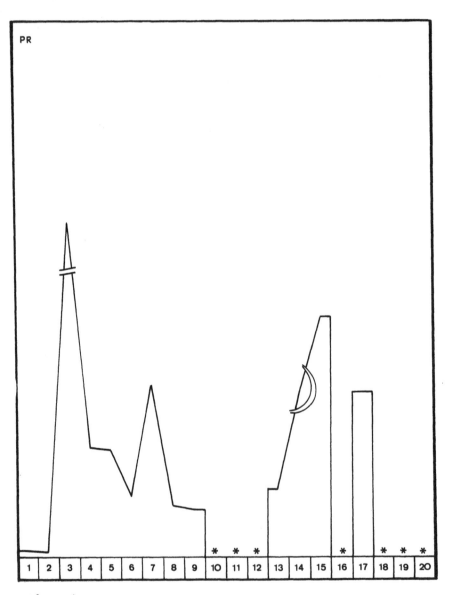

\* Não aplicável

**Figura 51**. Resina de fenol-formaldeído

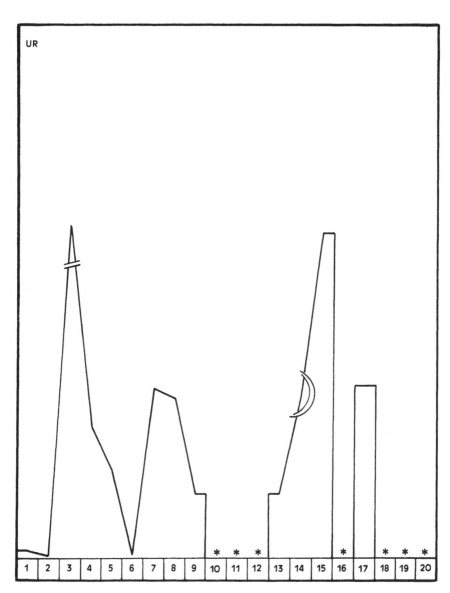

\* Não aplicável

**Figura 52**. Resina de uréia-formaldeído

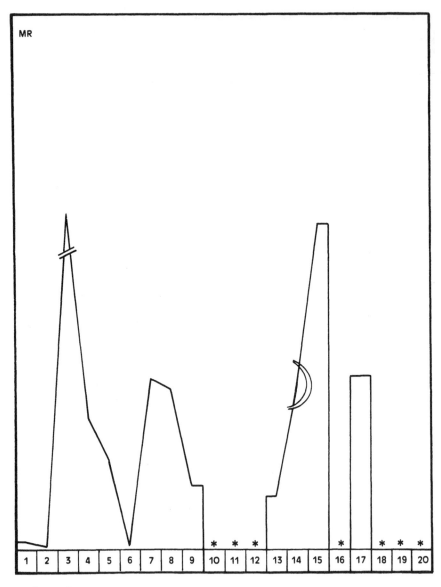

\* Não aplicável

**Figura 53.** Resina de melamina-formaldeído

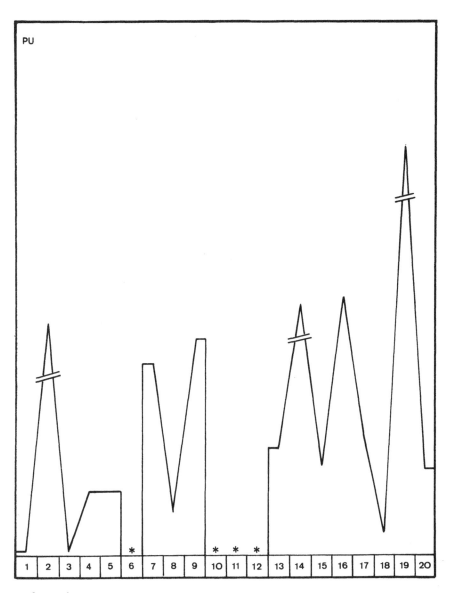

*Não aplicável

**Figura 54.** Poliuretanos

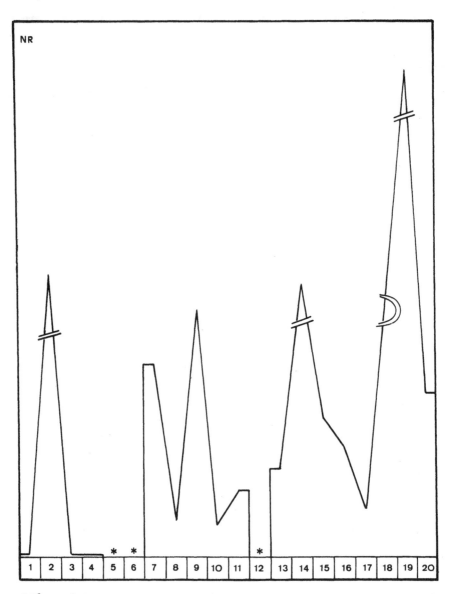

\* Não aplicável

**Figura 55**. Borracha natural

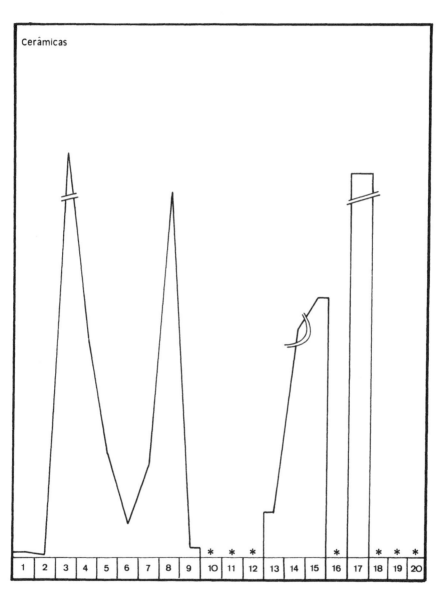

\* Não aplicável

**Figura 56.** Cerâmicas

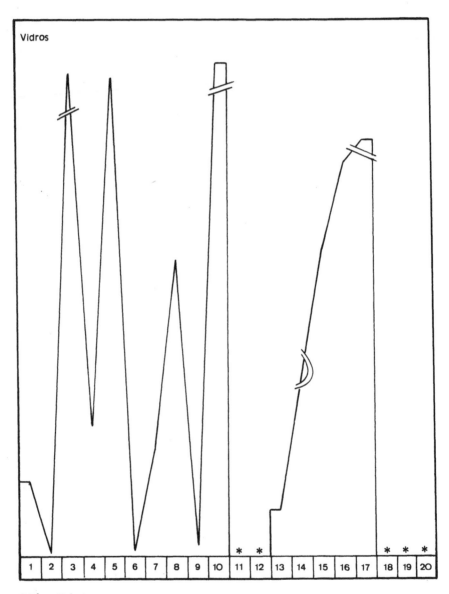

\* Não aplicável

**Figura 57.** Vidros

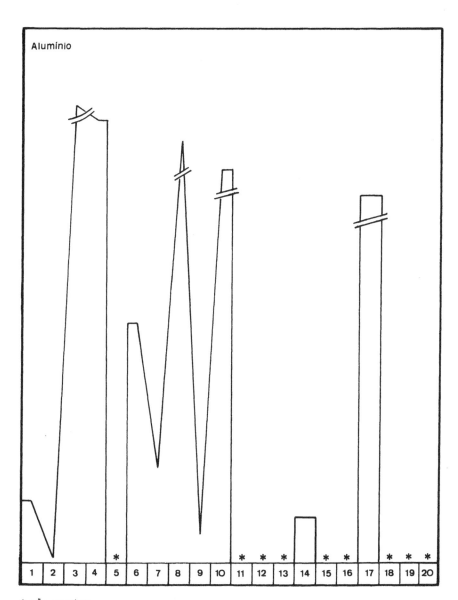

\* Não aplicável

**Figura 58**. Alumínio

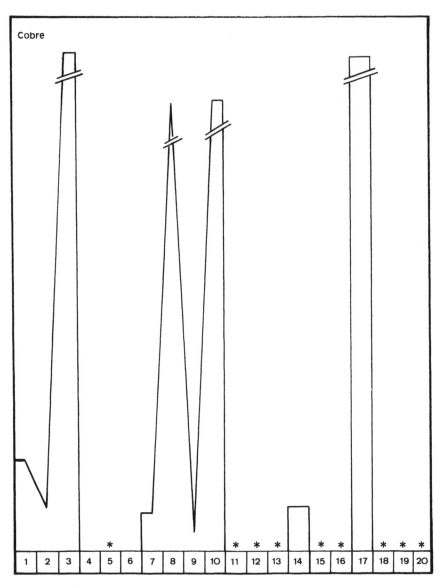

\* Não aplicável

**Figura 59.** Cobre

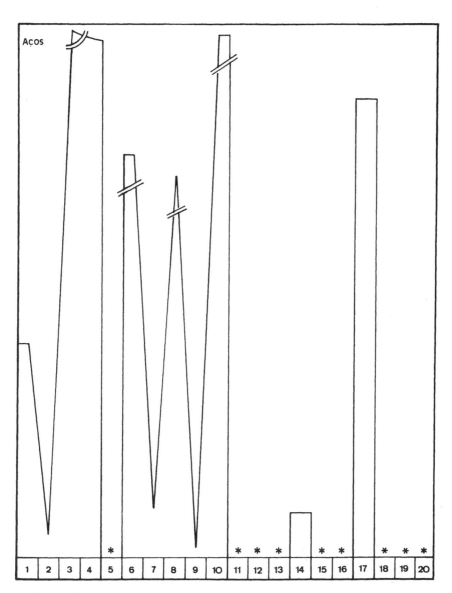

* Não aplicável

**Figura 60.** Aços

Todos os valores lançados nesses gráficos foram retirados dos limites superiores dos dados correspondentes a cada propriedade, apresentados anteriormente nas *Figuras 2 a 21*.

Quanto às propriedades mecânicas consideradas (resistência à tração, alongamento na ruptura, módulo de elasticidade, resistência à compressão, resistência à flexão e resistência ao impacto), nota-se a flagrante superioridade dos materiais clássicos sobre os sintéticos de uso geral — porém essa restrição é bem menos significativa quando o polímero é orientável, como no caso de poliamidas e poliésteres. A melhoria dessas características tem sido obtida através da síntese de novos materiais poliméricos, de estrutura química especialmente escolhida para apresentação de maior organização molecular e, portanto, maior resistência mecânica. Ao lado desta característica, surgem outras igualmente importantes, como a estabilidade à degradação.

Em relação às principais propriedades térmicas (calor específico, condutividade térmica, coeficiente de dilatação térmica linear, temperatura de fusão cristalina, temperatura de transição vítrea e temperatura de distorção ao calor), pode-se observar nos Perfis de Propriedades que os polímeros sintéticos, como substâncias orgânicas, são todos menos resistentes ao calor do que os materiais tradicionais inorgânicos, como as cerâmicas, vidros e metais. Nos polímeros termorrígidos, que são infusíveis, a consequência do aquecimento ao ar além de certos limites é a carbonização do material. Esta limitação intrínseca dos polímeros para aplicação em engenharia tem sido contornada pela procura de monômeros que tragam à cadeia macromolecular a estabilidade térmica não oferecida pelas cadeias parafínicas encontradas nos polímeros mais comuns, de uso geral. A formação de dupla cadeia macromolecular, que caracteriza os *polímeros escalares*, e a condensação de anéis aromáticos, resultando em estruturas compactadas, polinucleares, são os recursos que os químicos têm utilizado em suas pesquisas, com bons resultados — porém os custos elevados dos monômeros e a dificuldade de processamento dos polímeros são obstáculos a vencer.

Em relação às propriedades elétricas (rigidez dielétrica, resistividade volumétrica e constante dielétrica), verifica-se que todos os polímeros, de uso geral ou especial, são isolantes elétricos. A associação da característica de condutor de eletricidade às qualidades típicas dos polímeros vem sendo buscada pelos pesquisadores para aplicações de engenharia em substituição a metais, em casos muito específicos.

Considerando ainda outras características, pelos Perfis de Propriedade, pode-se desde logo verificar que a densidade é muito menor nos polímeros do que nos materiais inorgânicos. Isto significa baixar substancialmente o peso das peças tradicionais — de igual volume — e assim permitir-lhes usos mais diversificados. A permeabilidade a gases e vapores, muito diferente nos diversos polímeros, é inexistente nos vidros e metais; nas madeiras e nas cerâmicas, a estrutura mais ou menos porosa de cada material impede condições para comparação. Nota-se que, entre os gases considerados, o dióxido de carbono é aquele de permeação mais fácil, em grau muito superior ao encontrado para o nitrogênio e o vapor dágua.

A observação minuciosa dos Perfis de Propriedades dos polímeros permite extrair uma série de informações muito interessantes e valiosas. No entanto, o estudo detalhado desses gráficos foge ao caráter introdutório e geral deste livro; é sugerido àqueles que se dedicam ao desenvolvimento de novos materiais, destinados a áreas de aplicação específica e pouco comum.

# Capítulo 5
# MÉTODOS PARA A AVALIAÇÃO DAS PRINCIPAIS
# CARACTERÍSTICAS DOS MATERIAIS

Os métodos ASTM usados na determinação das principais propriedades dos materiais poliméricos estão listados a seguir.

## 1. Propriedades físicas

### 1.1. Mecânicas

D 256 — "Impact resistance of plastics and electrical insulating materials"

D 412 — "Rubber properties in tension"

D 623 — "Rubber property — Heat generation and flexing fatigue in compression"

D 638 — "Tensile properties of plastics"

D 671 — "Flexural fatigue of plastics by constant-amplitude-of-force"

D 695 — "Compressive properties of rigid plastics"

D 746 — "Brittleness temperature of plastics and elastomers by impact"

D 785 — "Rockwell hardness of plastics and electrical insulating materials"

D 790 — "Flexural properties of unreinforced and reinforced plastics and electrical insulating materials"

D 882 — "Tensile properties of thin plastic sheeting"

D 1242 — "Resistance of plastic materials to abrasion"

D 1894 — "Static and kinetic coefficient of friction of plastic film and sheeting"

D 2231 — "Rubber properties by forced vibration"
D 2240 — "Rubber property — Durometer hardness"
D 2463 — "Drop impact resistance of blow-molded thermo-plastic containers"
D 2632 — "Rubber property — Resilience by vertical rebound"
D 3028 — "Kinetic coefficient of friction of plastic film and sheeting"

## 1.2. Térmicas

C 177 — "Steady state heat flux measurements and thermal transmission properties by means of the guarded-hot-plate apparatus"
C 351 — "Mean specific heat of thermal insulation"
D 648 — "Deflexion temperature of plastics under flexural load"
D 696 — "Coefficient of linear thermal expansion of plastics"
D 2117 — "Melting point of semicrystalline polymers by the hot-stage microscopy method"
D 3418 — "Transition temperatures of polymers by thermal analysis"
D 4351 — "Measuring the thermal conductivity of plastics by the evaporation calorimetric method"

## 1.3. Elétricas

D 149 — "Dielectric breakdwon voltage and dielectric strength of solid electrical insulating materials at commercial power frequencies"
D 150 — "A-C Loss characteristics and permittivity (dielectric constant) of solid electrical insulating materials"
D 257 — "D-C Resistance or conductance of insulating materials"
D 495 — "High-voltage, low current, dry arc resistance of solid electrical insulation"

POLÍMEROS COMO MATERIAIS DE ENGENHARIA

## 1.4. Óticas

D 542 — ''Index of refraction of transparent organic plastics''
D 1003 — ''Haze and luminous transmittance of transparent plastics''
D 1746 — ''Transparency of plastic sheeting''

## 1.5. Outras

D 792 — ''Specific gravity and density of plastics by displacement''
D 1895 — ''Apparent density, bulk factor and pourability of plastic materials''

## 2. Propriedades químicas

D 581 — ''Chemical resistance of thermosetting resins used in glass fiber reinforced structures intended for liquid service''
D 543 — ''Resistance of plastics to chemical reagents''
D 568 — ''Rate of burning and/or extent and time of burning to flexible plastics''
D 570 — ''Water absorption of plastics''
D 756 — ''Determination of weight and shape changes of plastics under accelerated service conditions''
D 794 — ''Determinig permanent effect of heat on plastics''
D 1148 — ''Rubber deterioration — Heat and ultraviolet light discoloration of light-colored surfaces''
D 1435 — ''Outdoor weathering of plastics''
D 1499 — ''Operating light-and-water-exposure apparatus (carbon-arc type) for exposure of plastics''''
D 1870 — ''Elevated temperature aging using a tubular oven''
D 1920 — ''Determining light dosage in carbon-arc light aging apparatus''
D 2843 — ''Density of smoke from the burning or decomposition of plastics''

E 96    — "Water vapor transmission of materials"
G 23    — "Operating light- and water-exposure apparatus (carbon-arc type) for exposure of nonmetallic materials"

## 3. Propriedades físico-químicas

D 1434 — "Determining gas permeability characteristics of plastic film and sheeting"

# Capítulo 6

# INTERCONVERSÃO DE UNIDADES DE MEDIDA

As unidades de medida legais no Brasil são aquelas do Sistema Internacional de Unidades (SI), desde 1953. Pela Resolução nº 12/1988 do CONMETRO (Conselho Nacional de Metrologia, Normalização e Qualidade Industrial), aprovada em 12. 10.88, foi adotado um Quadro Geral de Unidades de Medida, encontrado em folheto disponível no INMETRO, para aquisição pelos interessados. Apesar de todos os esforços dedicados, a nível internacional, à uniformização dessas unidades, é ainda muito vasta a heterogeneidade dos dados técnicos encontrados na literatura. Assim, torna-se essencial conhecer os fatores de interconversão dessas unidades, para que se possa entender o significado dos valores numéricos disponíveis e utilizá-los adequadamente. Com o objetivo de colocar à disposição dos técnicos e pesquisadores uma série compacta de fatores de interconversão, foram preparadas tabelas. Contêm as diferentes unidades mais encontradas nos textos relacionados a materiais de engenharia, com as fontes de coleta de dados devidamente referidas.

## 1. Comprimento — unidade SI: m (metro)

1 pm (picometro) = $10^{-9}$ mm
1 Å (Angstrom) = $10^{-1}$ nm = $10^{-4}$ $\mu$m = $10^{-7}$ mm
1 nm (nonametro) = $10^{-3}$ $\mu$m
1 $\mu$m (micrometro) = $10^{-3}$ mm
1 mm (milímetro) = $10^{-3}$ m
1 cm (centímetro) = $10^{-2}$ m
1 dm (decímetro) = $10^{-1}$ m
1 m (metro) = 39,37 in = 3,281 ft = 1,094 yd
1 hm (hectometro) = $10^2$ m
1 km (quilômetro) = $10^3$ m
1 mil (mil) = $10^{-3}$ in = 2,54 × $10^{-5}$ m
1 in (polegada) = 2,54 cm
1 ft (pé) = 12 in = 30,48 cm
1 yd (jarda) = 0,9144 m

## 2. Área — unidade SI: $m^2$ (metro quadrado)

1 $m^2$ (metro quadrado) = 1,55 × $10^3$ $in^2$ = 10,76 $ft^2$ = 1,196 $yd^2$
1 $dam^2$ (decametro quadrado) = $10^2$ $m^2$
1 $hm^2$ (hectometro quadrado) = $10^4$ $m^2$ = 1 ha
1 $km^2$ (quilômetro quadrado) = $10^6$ $m^2$
1 a (are) = $10^2$ $m^2$
1 ha (hectare) = 1 $hm^2$
1 acre = 4,047 × $10^3$ $m^2$
1 $in^2$ (polegada quadrada) = 6,452 × $10^{-4}$ $m^2$
1 $ft^2$ (pé quadrado) = 9,290 × $10^{-2}$ $m^2$
1 $yd^2$ (jarda quadrada) = 0,8361 $m^2$

POLÍMEROS COMO MATERIAIS DE ENGENHARIA

## 3. Volume — unidade SI: m³ (metro cúbico)

1 m³ (metro cúbico) = $6,103 \times 10^4$ in³ = 35,31 ft³ = 1,308 yd³

1 in³ (polegada cúbica) = $1,639 \times 10^{-5}$ m³

1 ft³ (pé cúbico) = $2,832 \times 10^{-2}$ m³

1 yd³ (jarda cúbica) = 0,7646 m³

1 $\mu\ell$ (microlitro) = $10^{-3}$ m$\ell$ = $10^{-6}$ $\ell$

1 m$\ell$ (mililitro) = 1 cm³

1 $\ell$ (litro) = $10^{-3}$ m³ = 61,02 in³ = 0,03532 ft³

1 m³ (metro cúbico) = $10^3$ $\ell$ = 35,32 ft³

1 in³ (polegada cúbica) = $1,639 \times 10^{-5}$ m³ = $1,639 \times 10^{-2}$ $\ell$

1 ft³ (pé cúbico) = 0,02832 m³ = 28,32 $\ell$ = 7,481 US gal

1 US gal (galão americano) = 231 in³ = 3,785 $\ell$

1 British gal (galão inglês) = 1,201 US gal = 277,4 in³

1 barril de petróleo americano = 42 US gal = 0,1590 m³

## 4. Massa — unidade SI: kg (quilograma)

1 pg (picograma) = $10^{-12}$ g

1 $\mu$g (micrograma) = 1 $\gamma$ = $10^{-6}$ g = $10^{-3}$ mg

1 mg (miligrama) = $10^{-3}$ g

1 g (grama) = $3,215 \times 10^{-2}$ onça (troy)

1 kg (quilograma) = $10^3$ g = 2,2046 lb

1 t (tonelada ou tonelada métrica) = $10^3$ kg

1 US short-ton = 2000 lb = $9,072 \times 10^2$ kg

1 US long-ton = 2240 lb = $1,016 \times 10^3$ kg

1 grain = $6,480 \times 10^{-2}$ kg

1 dram (farmacêutico) = 3,888 g

1 onça (ounce-troy) = 28,35 g

1 lb (libra) = 453,6 g

## 5. Força — unidade SI : N

1 kgf (quilograma-força) = 9,807 N = 2,205 lbf
1 N (newton) = $10^5$ dina = 0,1020 kgf = 0,2248 lbf
1 dina = $10^{-5}$ N
1 lbf (libra-força) = 453,6 gf = 4,448 N


## 6. Velocidade — unidade SI : m/s

1 km/h (quilômetro por hora) = 0,2778 m/s = 0,6214 mi/h = 0,9113 ft/s
1 mi/h (milha por hora) = 1,467 ft/s = 1,609 km/h = 0,4470 m/s
1 nó = 0,5144 m/s


## 7. Pressão — unidade SI: Pa

1 Pa (pascal) = 1 N/$m^2$ = 10 dina/$cm^2$ = 9,869 × $10^{-6}$ atm = 2,089 × $10^{-2}$ lbf/$ft^2$
1 torr = 1,333 × $10^2$ Pa
1 bar = $10^5$ Pa
1 atm (atmosfera) = 1,01325 × $10^5$ Pa = 1,013 × $10^6$ dina/$cm^2$ = 14,70 psi = 760 mm Hg = 29,92 in Hg = 10,33 m $H_2O$ = 406, 8 in $H_2O$ = 33,9 ft $H_2O$
1 psi (libra/polegada quadrada) = 6,895 × $10^3$ Pa = 5,171 cm Hg = 27,68 in $H_2O$
1 mm Hg (milímetro de mercúrio) = 1,333 × $10^2$ Pa = 1 torr
1 in $H_2O$ polegada de água) = 2,491 × $10^2$ Pa
1 kgf/$mm^2$ (quilograma-força/milímetro quadrado) = 981 × $10^5$ dina/$cm^2$ = 1422 lbf/$in^2$ = 10 MPa

## 8. Energia — unidade SI : J

$1 \text{ erg} = 10^{-7} \text{ J}$
$1 \text{ J (joule)} = 1 \text{ N} \cdot \text{m} = 10^{7} \text{ erg} = 0,2389 \text{ cal} = 0,7376 \text{ ft} \cdot \text{lbf} = 9,481 \times 10^{-4} \text{ BTU}$
$1 \text{ cal (caloria termoquímica)} = 4,1840 \text{ J} = 3,087 \text{ ft} \cdot \text{lbf} = 3,968 \times 10^{-3} \text{ BTU}$
$1 \text{ kcal (quilocaloria)} = 10^{3} \text{ cal}$
$1 \text{ BTU (British thermal unit)} = 0,293 \text{ W} \cdot \text{h} = 1,055 \times 10^{3} \text{ J} = 778 \text{ ft} \cdot \text{lbf}$
$1 \text{ kWh (quilowatt-hora)} = 3,60 \times 10^{6} \text{ J} = 3,60 \text{ MJ} = 860 \text{ kcal} = 3413 \text{ BTU}$

## 9. Potência — unidade SI : W

$1 \text{ W (watt)} = 1 \text{ J/s} = 10^{7} \text{ erg/s} = 0,2389 \text{ cal/s}$
$1 \text{ kW (quilowatt)} = 10^{3} \text{ W} = 737,6 \text{ ft} \cdot \text{lbf/s} = 0,9483 \text{ BTU/s} = 1,341 \text{ HP}$
$1 \text{ HP (cavalo de força, caldeira)} = 981 \text{ W}$
$1 \text{ HP (cavalo de força, elétrico)} = 746 \text{ W} = 550 \text{ ft} \cdot \text{lbf/s} = 33000 \text{ ft} \cdot \text{lbf/min}$
$1 \text{ cv (cavalo-vapor)} = 736 \text{ W} = 75 \text{ kgf} \cdot \text{m/s}$

## 10. Temperatura — unidade SI : K

$1 \text{ K (kelvin)} = 1 \,^{\circ}\text{C} = 1,8 \,^{\circ}\text{F}$

## 11. Ângulo — unidade SI : rad

$1^{\circ} \text{ (grau angular)} = 1,7453 \text{ rad} = 60' = 3600''$
$1 \text{ rad (radiano)} = 57,296^{\circ}$
$1' \text{ (minuto)} = 2,909 \times 10^{-4} \text{ rad} = 60''$
$1'' \text{ (segundo)} = 4,848 \times 10^{-6} \text{ rad}$

## 12. Massa específica — unidade SI: $kg/m^3$

$1\ g/cm^3 = 1\ g/ml = 10^3\ kg/m^3 = 62,43\ lb/ft^3 = 0,036\ lb/in^3$
$1\ lb/ft^3 = 0,01602\ g/cm^3$

## 13. Vazão — unidade SI: $m^3/s$

$1\ gpm\ (galão/minuto) = 6,308 \times 10^{-}\ m^3/s$

## 14. Viscosidade — unidade SI: $Pa \cdot s$

$1\ poise = 10^{-1}\ Pa \cdot s$
$1\ centipoise = 10^{-3}\ Pa \cdot s$
$1\ stoke = 10^{-4}\ m^2/s$
$1\ centistoke = 1\ mm^2/s$

## 15. Momento dipolar — unidade SI: $C \cdot m$

$1\ D\ (debye) = 3,336 \times 10^{-30}\ C \cdot m\ (coulomb.\ metro)$

## 16. Massa/comprimento de fio têxtil — unidade SI: $kg/m$

$1\ denier = 1,111 \times 10^{-4}\ g/m$

**Bibliografia recomendada**

— "Quadro Geral de Unidades de Medida", Resolução do CONME-TRO n? 12/1988, INMETRO, Duque de Caxias, 1989.
— "Unidades de Medida", Departamento de Imprensa Nacional, 1969.
— R.P. Lukens — "Conversion Factors, Abbreviations and Unit Symbols", em H.F. Mark, N.M. Bikales, C.G. Overberger & G. Menges, "Encyclopedia of Polymer Science and Engineering", vol. 1, John Wiley, New York, 1985, pág. xlvii.
— P.H. Perry & C.H. Chilton — "Chemical Engineers Handbook", McGraw-Hill, Tokyo, 1982, contra-capa.
— R.C. Weast — "Handbook of Chemistry and Physics", The Chemical Rubber Co., Cleveland, 1972.

# ÍNDICE DE QUADROS

Página

Quadro 1. Evolução do uso de elementos estruturais pelo homem ... 2

Quadro 2. Produtos industriais de madeira reconstituída ... 51

Quadro 3. Ligas de ferro de importância industrial ... 60

Quadro 4. Polímeros industriais resultantes de reações poliadição ... 61

Quadro 5. Polímeros industriais resultantes de reações de policondensação ... 62

Quadro 6. Polímeros industriais resultantes de modificação química de outros polímeros ... 63

Quadro 7. Classificação dos plásticos quanto à sua aplicação ... 65

Quadro 8. Polietileno ... 66

Quadro 9. Polipropileno ... 68

Quadro 10. Poliestireno ... 69

Quadro 11. Poli(cloreto de vinila) ... 70

Quadro 12. Poli(acetato de vinila) ... 71

Quadro 13. Poliacrilonitrila ... 72

Quadro 14. Poli(cloreto de vinilideno) ... 73

Quadro 15. Poli(metacrilato de metila) ... 74

Quadro 16. Resina de fenol-formaldeído ... 75

Quadro 17. Resina de uréia-formaldeído ... 76

Quadro 18. Resina de melamina-formaldeído ... 77

Quadro 19. Resina epoxídica ... 78

Quadro 20. Poli(ftalato-maleato de propileno) estirenizado ... 79

Quadro 21. Poliuretanos ... 80

Quadro 22. Produção de polímeros sintéticos no Brasil ... 81

Quadro 23. Consumo mundial *per capita* de termoplásticos ... 81

Quadro 24. Poli(óxido de metileno) ... 83

Página

Quadro 25. Poli(tereftalato de etileno) ............................. 84
Quadro 26. Poli(tereftalato de butileno) ........................... 86
Quadro 27. Policarbonato ................................................. 87
Quadro 28. Poliamidas alifáticas ...................................... 88
Quadro 29. Poli(óxido de fenileno) ................................. 90
Quadro 30. Poli(fluoreto de vinilideno) ........................... 91
Quadro 31. Poli(tetraflúor-etileno) ................................. 92
Quadro 32. Poliarilatos .................................................... 94
Quadro 33. Poliésteres líquido-cristalinos ....................... 95
Quadro 34. Poliamidas aromáticas ................................... 97
Quadro 35. Poli-imidas .................................................... 99
Quadro 36. Policetonas .................................................... 101
Quadro 37. Poli-sulfonas ................................................. 103
Quadro 38. Poli(sulfeto de fenileno) ............................... 105
Quadro 39. Classificação dos sistemas poliméricos mistos .... 112
Quadro 40. Principais misturas poliméricas miscíveis industriais ............................................................. 116
Quadro 41. Principais misturas poliméricas imiscíveis industriais ............................................................. 121
Quadro 42. Principais componentes dos compósitos empregados como materiais de engenharia ................. 125
Quadro 43. Características das principais fibras empregadas em compósitos ..................................................... 127
Quadro 44. Principais compósitos poliméricos de aplicação em engenharia ..................................................... 128
Quadro 45. Código numérico representativo das principais propriedades dos polímeros ............................. 134

# ÍNDICE DE FIGURAS

Página

Figura 1. Classificação dos materiais de engenharia ........... 5

Figura 2. Resistência à tração de diversos materiais a 20-25°C ..................................................................... 9

Figura 3. Alongamento na ruptura de diversos materiais a 20-25°C ..................................................................... 10

Figura 4. Módulo de elasticidade de diversos materiais a 20-25°C ..................................................................... 12

Figura 5. Resistência à compressão de diversos materiais a 20-25°C ..................................................................... 14

Figura 6. Resistência à flexão de diversos materiais a 20-25°C ..................................................................... 15

Figura 7. Resistência ao impacto de diversos materiais a 20-25°C ..................................................................... 17

Figura 8. Calor específico de diversos materiais a 20°C ....... 19

Figura 9. Condutividade térmica de diversos materiais a 20°C ..................................................................... 20

Figura 10. Coeficiente de dilatação térmica linear de diversos materiais a 20°C ......................................... 22

Figura 11. Estrutura cristalina dos polímeros ....................... 23

Figura 12. Temperatura de fusão cristalina de diversos materiais ..................................................................... 24

Figura 13. Temperatura de transição vítrea de diversos polímeros ..................................................................... 26

Figura 14. Temperatura de distorção ao calor de diversos materiais ..................................................................... 27

Figura 15. Rigidez dielétrica de diversos materiais a 20-25°C ..................................................................... 28

Figura 16. Resistividade volumétrica de diversos materiais a 20-25°C ..................................................................... 29

180 ELOISA BIASOTTO MANO

Página

Figura 17. Constante dielétrica de diversos materiais a 20-25°C ................................................................ 31

Figura 18. Índice de refração de diversos materiais a 20-25°C ................................................................ 33

Figura 19. Densidade de diversos materiais a 20-25°C ........ 35

Figura 20. Permeabilidade a nitrogênio de diversos materiais a 20-30°C ................................................ 43

Figura 21. Permeabiliade a dióxido de carbono de diversos materiais a 20-30°C ................................... 44

Figura 22. Permeabilidade a vapor dágua de diversos materiais a 20-30°C ................................................ 45

Figura 23. Variação da resistência mecânica dos polímeros em função do peso molecular ................. 48

Figura 24. Representação de microfibrila da madeira .......... 49

Figura 25. Estrutura química da celulose ............................ 50

Figura 26. Trecho representativo da estrutura química da lignina ................................................................ 51

Figura 27. Estrutura química dos silicatos ........................... 52

Figura 28. Estrutura química do dióxido de silício .............. 55

Figura 29. Estrutura química representativa dos vidros ........ 57

Figura 30. Tipos de estrutura ordenada contínua em polímeros líquido-cristalinos ................................ 110

Figura 31. Diagrama típico Propriedade × Composição em misturas poliméricas binárias ........................... 114

Figura 32. Representação gráfica da compatibilidade interfacial a nível molecular ................................. 120

Figura 33. Compósito natural — Parte do caule de uma palmeria ................................................................ 127

Figura 34. Perfil de Propriedades do polietileno de baixa densidade ................................................... 135

Figura 35. Perfil de Propriedades do polietileno de alta densidade ................................................... 136

Figura 36. Perfil de Propriedades do polipropileno ............. 137

Figura 37. Perfil de Propriedades do poliestireno ............... 138

Figura 38. Perfil de Propriedades do poli(cloreto de vinila) .. 139

Figura 39. Perfil de Propriedades do poli(tetraflúor-etileno) 140

Figura 40. Perfil de Propriedades do poli(acetado de vinila) 141

POLÍMEROS COMO MATERIAIS DE ENGENHARIA                    181

Página

Figura 41.  Perfil de Propriedades do poli(metacrilato de metila) ............................................................. 142
Figura 42.  Perfil de Propriedades da poliacrilonitrila ........... 143
Figura 43.  Perfil de Propriedades da resina epoxídica ......... 144
Figura 44.  Perfil de Propriedades do poli(tereftalato de etileno) ...................................................................... 145
Figura 45.  Perfil de Propriedades do policarbonato ............. 146
Figura 46.  Perfil de Propriedades do poli(ftalato-maleato de propileno) estirenizado reforçado com fibra de vidro ..................................................................... 147
Figura 47.  Perfil de Propriedades da poliamida-6 ................ 148
Figura 48.  Perfil de Propriedades da poliamida-11 .............. 149
Figura 49.  Perfil de Propriedades da poliamida-6,6 ............. 150
Figura 50.  Perfil de Propriedades da poliamida-6,10 ........... 151
Figura 51.  Perfil de Propriedades da resina de fenol-formaldeído ...................................................................... 152
Figura 52.  Perfil de Propriedades da resina de uréia-formaldeído ...................................................................... 153
Figura 53.  Perfil de Propriedades da resina de melamina-formaldeído ............................................................ 154
Figura 54.  Perfil de Propriedades dos poliuretanos ............. 155
Figura 55.  Perfil de Propriedades da borracha natural ......... 156
Figura 56.  Perfil de Propriedades das cerâmicas .................. 157
Figura 57.  Perfil de Propriedades dos vidros ...................... 158
Figura 58.  Perfil de Propriedades do alumínio .................... 159
Figura 59.  Perfil de Propriedades do cobre ........................ 160
Figura 60.  Perfil de Propriedades dos aços ......................... 161

# ÍNDICE DE ASSUNTOS

## A

A. Cyanamid, 76, 77
ABNT, 7
ABS, 61, 65, 69, 87, 122, 123
Abson, 121
Ace, 85
Acetato de celulose, 63
Acetato de vinila, 71
Ácido

— adípico, 88
— p-hidroxi-benzóico, 95
— 6-hidroxi-naftaleno-2-
carboxílico, 95
— isoftálico, 94
— 2,6-naftaleno-dicarboxílico,
95
— tereftálico, 94, 95
Aço, 59, 60, 161
— comum, 60
— inoxidável, 60

Aço-boro, 60
Aço-cromo, 60
Aço-manganês, 60
Aço-níquel, 60
Aço-silício, 60
Aço-tungstênio, 60

Acribel, 72
Acrigel, 74
Acrilan, 72
Acrilonitrila, 72
Acrylite, 74
Acryloid, 74

Acrysteel, 74
Adesão interfacial, 119
Adesivos, 4
Adiprene, 81
AFNOR, 7
Agentes de reticulação, 63
Air, 70, 71
Akulon, 89
Akzo, 86, 89, 98
Alathon, 67
Alba, 75, 76, 79
Aldeído fórmico, 75-77, 83
Allied, 67, 70, 85, 89, 92, 123
Alongamento na ruptura, 8, 10,
134
Alpha Chemical, 116, 121
Alphaset, 75
Alpolite, 79
Alumina, 52-54
Alumínio, 59, 159
Ambalite, 76
Amberlac, 75
Amberlite, 75
American Standards for Testing
and Materials, 7
Amilan, 89
Amoco, 68, 94, 100, 102, 104,
123
Anidrido
— ftálico, 79
— maleico, 79, 99
Antiguidade, 1
Antioxidantes, 63
Applicazione Chimiche, 72

POLÍMEROS COMO MATERIAIS DE ENGENHARIA

Aracast, 78
Araldite, 78
Aramid, 97, 129
Arco, 67, 69, 122
Ardel, 94
Areia, 54
Argilas, 52
Aristech, 74
Arloy, 122
Arnite, 85, 86
Arylon, 94, 123
ASA, 69, 121, 122
Ashai, 67, 83, 89, 123
Associação Brasileira de Normas
    Técnicas, 7
Association Française de
    Normalisation, 7
ASTM, 7
ATO, 89
Atochem, 91
Auto-retardamento, 41
    — da chama, 41, 107
Avlin, 85
Avtex, 85

**B**

Bakelit, 75
Bakelite, 75, 104
Bamberger, 68, 121
Bapolan, 121
Bapolene, 68
Baquelite, 75
BASF, 68-70, 83, 86, 89, 96,
    102, 104
BASF do Brasil, 68, 69
Bayblend, 122
Baybond, 81
Bayer, 72, 81, 87, 122, 123
Beckacite, 75
Beckophen, 75

Beetle, 76, 85
Bemis, 89
Beslan, 72
Betaset, 75
Bexloy, 94
Bib, 85
Bicor, 68
Bidim, 85
Biothane, 81
Birrefringência, 33, 34
Bórax, 56
Borg, 116
Borg-Warner, 121, 122, 128
Borracha, 3, 4, 64
    — natural, 10, 156
    — termoplástica, 119
BR, 61, 121, 123
Bras-Fax, 68
Brasivil, 70
Breu, 51
Brilho, 58
British Standards, 7
Bronze, 2, 59
BS, 7
BT, 100
*Bulk density*, 36

**C**

CAC, 63
Calibre, 87
Calor específico, 19, 21, 134
Capran, 89
$\varepsilon$-Caprolactama, 88
Capron, 89
Carboxi-metil-celulose, 63
Carga, 63, 111
    — inerte, 112, 117
    — reforçadora, 117
Cascamite, 76
Caschem, 81

Cascodur, 75
Cascophen, 75
Cashmilon, 72
Celanese, 83, 85, 86, 89, 92, 94, 96, 102, 105, 123
Celanex, 86, 123
Celcon, 83
Celeron, 75
Celulose, 48, 50
Cerâmica, 1, 2, 5, 47, 51, 157
Chimiekombinat Savatow, 72
CIBA-Geigy, 78, 85, 86, 105
CIIR, 63
Cleartuf, 85
Cloreto de vinila, 70
Cloreto de vinilideno, 73
Cloridrato de cloreto de 4-amino-benzoíla, 97
4-Cloro-sulfonil-bifenila, 103
CMC, 63
CN, 63
Cobre, 1, 59
Coeficiente
— de atrito, 18
— de dilatação térmica linear, 21, 22, 134
— de expansão térmica, 109, 134
Cofade, 81
Cold-flow, 11
Colestérico, 109, 110
Commodities, 64
Compatibilidade, 111, 113, 117-119
— inexistente, 112
— interfacial, 111, 112
— total, 112
Compatibilizante, 117, 119, 126
— não-polimérico, 120
— polimérico, 119
Compensados, 51

Componentes
— estrutural, 111, 117, 124-126, 128
— matricial, 111, 124-126, 128
Compósito, 48, 104, 111, 112, 115, 124-129
— natural, 48, 127
Conacure, 81
Conap, 81
Conathane, 81
Concreto, 2, 3
Condutividade, 58
— elétrica, 30
— térmica, 19-21, 134
CONMETRO, 169
Constante dielética, 28, 30, 31, 134
Coplen, 122, 123
Copoli(butadieno-acrilonitrila), 61
Copoli(butadieno-estireno), 61, 69
Copoli(estireno-acrilonitrila), 61, 65
Copoli(estireno-butadieno-acrilonitrila), 61, 65, 69
Copoli(etileno-acetato de vinila), 61, 65, 67
Copoli(etileno-propileno-dieno), 61
Copoli(isobutileno-isopreno), 61
— clorado, 63
Copolímero
— aleatório, 120
— em bloco, 120
— enxertado, 120
— graftizado, 120
Copolímero de cloreto de vinila e acetato de vinila, 70
Copolímero de estireno, acrilonitrila e butadieno, 69

POLÍMEROS COMO MATERIAIS DE ENGENHARIA

Copolímero de estireno e
  butadieno, 69
Copolímero de estireno,
  butadieno, acrilonitrila e
  acrilato de alquila, 69
Copolímero de estireno,
  butadieno e metacrilato de
  metila, 69
Copolímero de etileno e acetato
  de vinila, 67
Corantes, 63
Courtaulds, 72
Courtelle, 72
C.P. Camaçari, 70
CPE, 63, 116
CPVC, 63
CR, 61
Crastine, 85, 86
Craston, 105
*Creep*, 11, 104
Creslan, 72
CRI, 89
Cristais, 53
Cristalinidade, 109, 118
Cristalitos, 23
  — esferulíticos, 23
  — lamelares, 23
Crylor, 72
Crystic, 79
CSPE, 63
Cyanamid, 72
Cycoloy, 122
Cycovin, 121
Cymel, 77
Cyro, 74


D

Dacovin, 70
Dacron, 85

Daikin, 91, 92
Dartco, 96
Davatak, 71
Degradação térmica, 38, 106
DEH, 78
Delrin, 83
DEN, 78
Densidade, 34-36, 58, 134
  — absoluta, 36
  — aparente, 36
  — relativa, 36
DER, 78
Derakane, 79
Desenvolvimento de calor, 13
Deutsche Institut für Normung,
  7
Diacon, 74
Diamond Shamrock, 70
Dianidrido
  — benzofenono-dicarboxílico,
    99
  — 4,4'-oxi-diftálico, 99
  — piromelítico, 99
4,4'-Dicloro-difenil-sulfona, 103
Dicloreto
  — de isoftaloída, 97
  — de tereftaloíla, 97
Dicloro-benzeno, 105
4,4-Difenilol-propano, 78, 87,
  94, 99, 103
4,4'-Diflúor-acetofenona, 101
Difusibilidade térmica, 19
4,4'-Di-hidroxi-acetofenona, 101
4,4-Di-hidroxi-bifenila, 95
2,6-Di-hidroxi-naftaleno, 95
Di-isocianato, 80
2,6-Dimetil-fenol, 90
DIN, 7
Diol, 80
Dissilicatos, 52
DKE, 121

DNA, 3
Dolan, 72
Dow, 67, 69, 73, 78, 87, 121
Dow Badische, 72
Dowlex, 67
Dralon, 72
Ductilidade, 58
DuPont, 67, 72, 74, 81-83, 85,
   89, 92, 94, 98, 100, 102, 121-
   123
Duracon, 83
Duranex, 86
Durel, 94
Durepoxi, 78
Durethan, 89, 129
Dureza, 8, 16
Durolon, 87
Duroprene, 81
Dylene, 69

## E

Eastman, 85
EDN, 69
Efeito
   — Cotton-Mouton, 34
   — Kerr, 34
Elastômero, 64
   — vulcanizado, 8, 11
Elemid, 123
Electrocloro, 71
El Paso, 67, 68
Eltex, 67
Elvacet, 71
Empacotamento
   — compacto-cúbico, 59
   — compacto-hexagonal, 59
   — cúbico de corpo centrado,
     59
Emser, 89

Enca, 85
Encron, 85
Enron, 67, 68
Envex, 100
EPDM, 61, 121, 123
Epicloridrina, 78
Epikote, 78
Epi-Rez, 78
Epon, 78
Epotuf, 78
Epoxi, 78
Epoxylite, 78
Equilíbrio de fase, 113
ER, 62, 65, 144
Esbrite, 69
Esferulito, 23
Esmético, 109, 110
Estabilidade
   — dimensional, 34, 36, 107
   — térmica, 106
Estabilizadores, 63
Estane, 81
Estanho, 2, 59
Estiramento, 48
Estireno, 69
Éter di(4-amino-fenílico), 99
Ethyl, 100
Etileno, 66
EVA, 61, 65, 67
EVAL, 121
Evatate, 67
Expansão térmica, 19, 21, 109
Eymid, 100

## F

Fase, 113
   — amorfa, 118
   — cristalina, 118
   — dispersa, 117
   — matricial, 117

POLÍMEROS COMO MATERIAIS DE ENGENHARIA

Fator
— de dissipação, 28, 30
— de potência, 28, 30
m-Fenileno-diamina, 97, 99
p-Fenileno-diamina, 97, 99
Fenol, 75
Ferro, 2, 3, 59
*Fiberglass reinforded polyester*,
   79
Fibra, 4, 64, 117, 126-128
— acrílica, 72
— de aço, 125, 127
— de alumínio, 125
— de boro, 125, 127
— de carboneto de silício, 125
— de carbono, 72, 125, 127-
   129
— de celulose, 128
— de cerâmica, 125, 127
— de cobre, 125
— de ferro, 125
— de poliamida aromática,
   125, 127-129
— de poliéster saturado, 128
— de tungstênio, 125
— de vidro, 125, 127, 128
— metálicas, 125
— modacrílica, 72
— monocristalina, 125
— ótica, 32
Fluon, 92
Fluoraflon, 91
Fluoreto de vinilideno, 91
Forças
— intermoleculares, 40
— de Van der Waals, 40
Fórmica, 75
Formiplac, 75
Forteflex, 67
Fortrel, 85
Fortron, 105

Fosgênio, 87
Fotoelasticidade, 34
FRP, 79
Fusão cristalina, 23

**G**

GAF, 86
Gafite, 86
Gaftuf, 123
GE, 85-87, 90, 100, 105, 116,
   121-123
Geloy, 121
Gelva, 71
Geon, 70
*Glass reinforced polyester*, 79,
   129
Glicol
— butilênico, 86
— etilênico, 79, 84
— propilênico, 79
Goodrich, 70, 81
Goodyear, 70, 85
Grace, 71
Grafite, 106
Grex, 67
Grilamid, 89
Grilon, 89
GRP, 79, 129, 147

**H**

Halon, 92
Hammond, 69, 121
HDPE, 66, 67, 136
HDT, 26, 134
*Heat build-up*, 13
*Heat distortion temperature*, 26
HEC, 63
Hemi-celulose, 51

Hercules, 67, 68
Hexametilenodiamina, 88
Hexel, 81
Hidroperóxidos, 38
Hidroquinona, 101
Hidroxi-etil-celulose, 63
Hi-Fax, 67
Himont, 67, 68
HIPS, 65, 69, 121, 123
Hissa Argentina, 72
Histerese, 8, 13
História
— Antiga, 1
— térmica, 13
Hoechst, 67, 71, 83, 85, 92, 94, 102, 105, 116
Hoechst do Brasil, 79
Hostaflon, 92
Hostafan, 85
Hostaform, 83
Hostalen, 67
Hostalen Gur, 67
Hostalit, 116
Hostatec, 102
Huels, 67, 68, 70, 85, 86

I

ICI, 68, 70, 74, 85, 89, 92, 102, 104, 122
Idade
— Antiga, 1-3
— Contemporânea, 1-3
— da Pedra, 1, 2
— dos Metais, 1, 2
— Média, 1-3
— Medieval, 1, 2
— Moderna, 1-3
Idemitsu, 87
IIR, 61

Imidaloy, 100
Imiscibilidalde, 112, 115, 118
Impet, 85
Implex, 74
Impranil, 81
Incompatibilidade, 111, 117
Índice de refração, 32, 33, 134
Inflamabilidade, 41
INMETRO, 169
Inolex, 81
Interações intermoleculares, 113
Interface, 111, 126
International Organization for Standardization, 7
Inter-Rez, 78
IR, 61
ISO, 7
Ítria, 54
IUPAC, 61-63
Iupiace, 123
Iupilon, 87


K

Kadel, 102
Kamax, 100
Kapton, 99, 100, 123
Kerimid, 100
Kevlar, 97, 98, 129
K. J. Quinn, 81
Kodak, 85
Kodapak, 85
Konex, 98
Krystaltite, 70
Kuhlmann, 76
Kynar, 91
Kydex, 121
Kynel, 100
Kyron, 123

## L

Lã, 3
Lamal, 81
Laminados, 51
LCP, 65, 95
LDPE, 66, 67, 135
Leacril, 72
Leona, 89
Lexan, 87
Lexorez, 81
Ligação
— dipolo-dipolo, 40
— covalente, 54
— iônica, 54
— metálica, 58
— química, 54
Ligas
— de ferro, 60
— de ferro-níquel, 60
— metálicas, 3, 59
— poliméricas, 63, 111
Lignina, 48-51
Liotrópico, 98, 109
Lord, 81
Lucite, 74
Lumirror, 85
Lustran, 121
Lustrex, 69
Lycra, 81

## M

M.A., 85
Macromoléculas, 3, 48
— naturais, 48
Madeira, 1-3, 5, 47-49, 51
— reconstituída, 51
Madepan, 76
Magnésia, 54

Magnetismo, 58
Makroblend, 122
Makrolon, 87
Maleabilidade, 58
Malon, 85
Maranyl, 89
Marlex, 67, 68
Massa específica, 36
Materiais
— cerâmicos, 53
— cristalinos, 53
— de engenharia, 3, 125
— clássicos, 4, 5, 47, 48
— convencionais, 47
— inorgânicos, 47
— não-clássicos, 4, 5, 47
— orgânicos, 47
— policristalinos, 53
— refratários, 53

Mazzaferro, 89
MBS, 69
MC, 63
Melamina, 77
Melchrome, 77
Melinex, 85
Melitex, 122
Memória, 13
Merlon, 87, 122
MeSAN, 116
Metacrilato de metila, 74
Metais, 1, 5, 58
Metil-celulose, 63
Métodos ASTM, 165
Microfibrila, 48, 49
Mindel, 123
Minlon, 89
Miscibilidade, 111-115
Mistura aditivada, 112
Misturas poliméricas, 63, 111, 112

— compatíveis, 112
— imiscíveis, 111, 121-123
— incompatíveis, 112
— miscíveis, 111, 116
Mitsubishi, 67, 72, 83, 87, 89, 100, 123
Mobay, 81, 85-87, 105, 121-123
Mobil, 68
Módulo, 11
— de elasticidade, 8, 11, 12, 134
— de Young, 11
Monossilicatos, 52
Monsanto, 69, 71, 72, 89, 121
Monsanto do Brasil, 69
Montepolimeri, 86
Moplen, 68
Morfologia, 118
Morton, 81
Mowilith, 71
MR, 62, 65, 77, 154
MWB, 68
Mylar, 85

**N**

Náilon-6, 88
Náilon-6,6, 88
NAS, 69
Natente, 67
NBR, 61, 116
Negro de fumo, 123
Nemático, 109, 110
Neoflon, 91
Nitrato de celulose, 63
Nitriflex, 116
Nitrocarbono, 89
Nitron, 72
Noblen, 68
Nomex, 98
Norchem NPE, 67

Norchem NPP, 68
Norton, 121
Norvic, 70
Noryl, 116, 123
Novamid, 89
Novarax, 87
Novatec, 67
Novolen, 68
NR, 156
Nycoa, 89
Nylon, 88
Nylon Corporation, 89
Nytron, 89

**O**

Obsidiana, 1
Occidental, 70
Olemer, 68
Orgamide, 89
Orientação, 48
— por estiramento, 48
Orlon, 72
Oxyblend, 70

**P**

PA, 65, 87, 90, 123
PA-6, 62, 88, 89, 148
PA-6,6, 62, 88, 89, 150
PA-6,10, 62, 151
PA-11, 62, 149
PAI, 62, 65, 99
PAN, 61, 65, 72, 143
Panlite, 86
PAR, 65, 94
PAS, 62, 65, 103
PBI, 62
PBT, 62, 65, 86, 87, 122, 123
PC, 62, 65, 88, 122, 124, 146
PE, 61, 65, 66, 116, 123

PEAD, 66
PEBD, 66
Pedra, 1
— lascada, 2
— polida, 2
PEEK, 62, 65, 101, 102
PEG, 62
PEI, 62, 65, 99
PEK, 65, 101, 102
PEKK, 101, 102
Pennwalt, 91
PEPM, 62
Perfil de propriedades, 133, 163
— de aços, 133, 161
— de alumínio, 133, 159
— de borracha natural, 133, 156
— de cerâmicas, 133, 157
— de cobre, 133, 160
— de poli(acetato de vinila), 133, 141
— de poli(acrilonitrila), 133, 143
— de poliamida-6, 133, 148
— de poliamida-6,6, 133, 150
— de poliamida-6,10, 133, 151
— de poliamida-11, 133, 149
— de poli(carbonato), 133, 146
— de poli(cloreto de vinila), 133, 139
— de poliestireno, 133, 138
— de polietileno de alta densidade, 133, 136
— de polietileno de baixa densidade, 133, 135
— de poli(ftalato-maleato de propileno) estirenizado, 133, 147

— de poli(metacrilato de metila), 133, 142
— de polipropileno, 133, 137
— de poli(tereftalato de etileno), 133, 145
— de poli(tetraflúor-etileno), 133, 140
— de poliuretano, 133, 155
— de resina epoxídica, 133, 144
— de resina de fenol-formaldeído, 133, 152
— de resina de melamina-formaldeído, 133, 154
— de resina de uréia-formaldeído, 133, 153
— de vidros, 133, 158
Período
— eolítico, 1
— neolítico, 1
— paleolítico, 1
Permeabilidade, 42, 45, 134
— a dióxido de carbono, 44, 134
— a gases e vapores, 42
— a nitrogênio, 43, 134
— a vapor dágua, 45, 134
Perspex, 74
PES, 62, 65, 103
PET, 62, 65, 84, 87, 122, 123, 145
Petlon, 85
PETP, 84
Petra, 85
Petrothene, 67
PEUAPM, 66
Philips, 67, 68, 105, 123
PI, 62, 65, 99
PIB, 61
Pibiter, 86
Piezoeletricidade, 91

Pigmentos, 63
PK, 101
Plaskon, 89
Plásticos, 4, 64
— acrílicos, 74
— classificação, 65
— consumo, 64, 93
— de alto desempenho, 93
— de comodidade, 64
— de engenharia, 4, 64, 65
— de uso especial, 65, 93
— de uso geral, 65, 82
— de especialidade, 64
— de uso geral, 65
— especiais, 4
— produção, 64
— vinílicos, 70
Plastificantes, 63, 110
Plexiglas, 74
Pliovic, 70
PMDS, 62
PMMA, 61, 65, 74, 116, 122, 142
Pocan, 85, 86, 123
Poliacetal, 62, 82, 83
Poli(acetato de vinila), 61, 64, 65, 71, 141
Poli(acrilonitrila), 61, 64, 65, 143
Poliadição, 59, 60
Poli(álcool vinílico), 63
Polialden, 67
Poliamida, 62, 148
— alifática, 62, 65, 82, 88, 89, 125
— aromática, 62, 65, 93, 97
Poliamida-6, 62, 88, 148
Poliamida-6,6, 62, 88, 150
Poliamida-6,10, 62, 89, 151
Poliamida-11, 62, 89, 149
Poliamida-12, 89
Poli(amida-imida), 62, 65, 99

Poliarilatos, 65, 93, 94
Poli(aril-éter-sulfona), 103
Poli(aril-sulfona), 62, 65, 103
Polibenzimidazol, 62
Polibrasil, 68
Poli(1-buteno), 116
Policaprolactama, 88
Policarbonatos, 62, 65, 82, 87, 125, 146
Policetonas, 93, 101, 125
Poli(cloreto de vinila), 61, 64, 65, 70, 128, 139
— clorado, 63
Poli(cloreto de vinilideno), 61, 64, 65, 73
Poli(cloropreno), 61
Policondensação, 59, 60, 62
Poliderivados, 121
Poli(dimetil-siloxano), 62
Poliéster, 62
— insaturado, 62, 64, 79, 125, 128
— líquido-cristalino, 65, 93, 95, 110
— saturado, 84
— termotrópico, 95
Poliestireno, 61, 64, 65, 69, 138
— de alto impacto, 65
Poli(éter-cetona), 65, 101
Poli(éter-cetona-cetona), 101
Poli(éter-éter-cetona), 62, 65, 101
Poli(éter-imida), 62, 65, 99
Poli(éter-sulfona), 62, 65, 103
Polietileno, 61, 64-66
— de alta densidade, 66, 136
— de alta pressão, 66
— de altíssimo peso molecular, 65, 66
— de baixa densidade, 66, 135
— de baixa pressão, 66

— de ultra-alto peso molecular, 66
— clorado, 63, 116
— cloro-sulfonado, 63
— linear, 66
— ramificado, 66
Poli(fenileno-tereftalamida), 62
Poli(fenil-sulfona), 103
Poli(fluoreto de vinilideno), 61, 65, 82, 91
Poliformaldeído, 83
Poli(ftalato-maleato de etileno), 62
Poli(ftalato-maleato de propileno) estirenizado, 79, 147
Poli(glicol etilênico), 62
Poli-imida, 62, 65, 93, 99, 125, 128
Poli-isobutileno, 61
Poli-isopreno, 61
Polimerização
— em emulsão, 59
— em massa, 59
— em solução, 59
— em suspensão, 59
— interfacial, 59
Polímeros, 3, 47
— amorfos, 25, 113
— cristalinos, 25
— de engenharia, 2
— escalares, 162
— liotrópicos, 98
— naturais, 3
— termotrópicos, 95
— sintéticos, 2, 59
Poli(metacrilato de metila), 61, 64, 65, 74, 142
Poliolefinas, 67, 116
Poli(oxi-2,6-dimetil-1,4-fenileno), 90

Poli(óxido de fenileno), 62, 65, 82, 90
Poli(óxido de metileno), 62, 65, 82, 83, 125
Polioxifenileno, 90
Polioximetileno, 82, 83
Polipropeno, 68
Polipropileno, 61, 64, 65, 68, 137
Polissacarídeo, 51
Polisul, 67
Poli(sulfeto de fenileno), 62, 65, 93, 105, 125
Poli-sulfonas, 93, 103, 125
Politeno, 67
Poli(tereftalato de butileno), 62, 65, 82, 86, 125
Poli(tereftalato de etileno), 62, 65, 82, 84, 145
Poli(tetraflúor-etileno), 61, 65, 82, 92
Poliuretano, 62, 64, 65, 80, 155
Polixilenol, 90
Pollopas, 76
Polycin, 81
Polyflon, 92
Polylite, 79
Polyman, 122
*Polymer*
— *alloys*, 63
— *blends*, 63
Polyplastics, 83, 86
Polystyrol, 6
POM, 62, 65, 83, 87, 88
Pontes de hidrogênio, 40, 49
PP, 61, 65, 68, 116, 121, 137
PPD-I, 97
PPD-T, 97
PPH, 68, 121
PPO, 62, 65, 90, 116, 123
PPPM, 79

PPS, 62, 65, 105, 123
PPTA, 62, 97
PR, 62, 65, 75, 152
Pré-história, 1, 2
Prevex, 116, 123
Primef, 105
Pro-Fax, 68
Prolen, 68
Propafilm, 68
Propathene, 68
Propileno, 68
Propriedades
— elétricas, 7, 27
— físicas, 7
— físico-químicas, 41
— mecânicas, 7, 8
— óticas, 7, 32
— químicas, 37
— térmicas, 7, 18
Proquigel, 69
Proto-história, 1, 2
PS, 61, 65, 69, 90, 116, 121, 138
PSF, 103, 123
PSMAn, 122
PSO, 103
PTFE, 61, 65, 92, 123, 140
PU, 62, 65, 80, 121, 123, 155
PUR, 80
PVAc, 71
PVAC, 61, 65, 71, 141
PVAL, 63
PVC, 61, 65, 70, 116, 121, 139
PVDC, 61, 65, 73
PVDF, 61, 65, 91, 116

## Q

Q.I. Laminados, 75
Q-Tane, 81
Quartzo, 54, 55

## R

Radel, 104
Recuperação, 11
Rede cristalina, 59
Reforço, 125
Reforplás, 79
Reichhold, 75, 78
Relaxações moleculares, 8
Resacril, 74
Resamite, 75
Resana, 74, 75, 79, 81
Resaphen, 75
Resapol, 79
Resavur, 81
Resiliência, 11
Resina
— aminada, 75, 77
— de fenol-formaldeído, 62, 75, 152
— de melamina-formaldeído, 62, 77, 154
— de uréia-formaldeído, 62, 76, 153
— epoxídica, 62, 64, 65, 78, 125, 128, 129, 144
— fenólica, 64, 65, 75, 125, 128
— melamínica, 64, 65, 77
— oxirânica, 78
— ureica, 64, 65, 76, 128
Resistência
— à abrasão, 8, 18, 109
— a ácidos e bases, 37, 39, 40
— à água, 37, 39
— à compressão, 8, 13, 14, 134
— à degradação térmica, 37
— à fadiga, 8, 16
— à flexão, 8, 13, 15, 134

- à flexão dinâmica, 16
- à fricção, 8, 18
- a intempéries, 37, 107
- à oxidação, 37, 107
- a solventes e reagentes, 37, 40, 107
- à tração, 8, 9, 134
- ao arco, 28, 31
- ao calor, 37
- ao desgaste, 18
- ao impacto, 8, 16, 17, 134
- às radiações

  - eletromagnéticas, 108
  - ultravioleta, 37, 38
  - mecânica, 58
  - térmica, 106

Resistividade, 28
- volumétrica, 29, 134

Rexene, 67, 68
Reynolds, 70
Reynolon, 70

Rhodia, 71, 72, 85, 86, 89
Rhodopas, 71
Rhône-Poulenc, 67, 85, 89, 100
Richardson, 69
Rigidez dielétrica, 28, 29, 134
Rochas, 47
Rogers, 100
Rohm & Haas, 74, 75, 87, 100, 121, 122
Ropet, 122
Rovel, 121
RPBT, 86
RPET, 84
Rucoblend, 70
Rucodur, 70
Rucon, 70
Rynite, 85, 122
Ryton, 105

## S

Safiras, 53
SAN, 61, 65, 69, 121
Saran, 73
SB, 68
SBR, 61
Schulman, 85, 89, 121, 122
Selar, 123
Shell, 78
SI, 169
Sílica, 51, 54, 56, 125
Silicatos, 52
Silício, 59
Sinteko, 76
Sinterização, 54
Sistemas poliméricos, 111
- imiscíveis, 111, 115, 117
- miscíveis, 111, 113, 117
Sniamid, 89
Solef, 91
Soltan, 72
Soltex, 67, 72
Solvay, 67, 91, 105
Solvay do Brasil, 70
Solvic, 70
*Specialties*, 64
Stabar, 102, 104
Sta-Flow, 70
Staufen, 70
Stockholms-superfosfat, 72
Styron, 69
Süddeutsche Chemiefaser, 72
Sulfeto de sódio, 105
Sumigraft, 121
Sumikatene, 67
Sumipex, 74
Sumitomo, 67-69, 74, 121
Sunfine, 67
Supec, 105
Super Dylon, 67

Superflex, 121
Superflo, 69
Suprel, 67

**T**

Takryl, 72
Tecgel, 79
Tecglás, 79
Technopolimeri, 89
Technyl, 89
Techster, 85, 86
Tedur, 105
Teflon, 92
Teijin, 85, 86, 98
Temperatura
— de distorção ao calor, 25, 27, 134
— de fusão cristalina, 19, 23, 24, 134
— de transição vítrea, 19, 23, 25, 26, 134
Tenac, 83
Tenacidade, 9, 16
Tenite, 85
Teoria de Flory-Huggins, 113
Terblend, 122
Tereftalato de dimetila, 84, 86
Tergal, 85
Termoplásticos, 4, 64, 65
— consumo, 81
Termorrígidos, 4, 64, 65
Termotrópico, 96, 109
Terphane, 85
Tetoron, 85
Tetrafil, 85
Tetraflúor-etileno, 91
$T_g$, 19, 25, 134
Thermofil, 85
Thor, 75
$T_m$, 19, 23, 25, 134

Toho, 72
Toray, 85, 89
Tória, 54
Torlon, 99, 100
Toshiba, 100
TPE, 87
TPR, 121
TPU, 80
Transição
— térmica, 25
— vítrea, 25
Transmitância, 32
Transparência, 32
Trevira, 85
Trissilicatos, 52
Tuftane, 81
Tupfak, 87
Twaron, 98

**U**

Ube, 89, 100
UCB, 72
UDEL, 103, 104
UHMWPE, 65-67
Ultem, 100
Ultradur, 86
Ultraform, 83
Ultramid, 89
Ultrapek, 101, 102
Ultrason, 104
Ultrathene, 67
Ultrax, 96
Unidades
— de interconversão, 169
— SI, 169
Unilene, 67
Unilever, 71
Union Carbide, 67, 75, 104
Upijohn, 100

Upilex, 100
Upital, 83
UR, 62, 65, 153
Uralite, 81
Uréia, 76
USI, 67
Utec, 67

## V

Valox, 85, 86, 122, 123
Vectra, 95, 96
Vespel, 100
Vestodur, 85, 86
Vestolen, 67, 68
Vestolit, 70
Victrex, 101, 102, 104
Vidro, 1, 2, 5, 47, 54, 57, 158
 — colorido, 56
 — comum, 56
 — cristal, 56
  — de chumbo, 56
 — Crown, 56
 — Pyrex, 56
Vinac, 71
Vinamul, 71

Vinoflex, 70
Vonnel, 72
Vorite, 81
Vulkolane, 81
Vydyne, 89
Vynite, 116
Vythene, 121

## W

*Whisker*, 125, 126

## X

Xenoy, 122, 123
Xydar, 96

## Y

Yukalon, 67

## Z

Zefran, 72
Zircônia, 54
Zytel, 89, 123